新时代大学计算机通识教育教材

人工智能教育技术通识教程

周　波　汤　龙　主　编
胡瑞娇　副主编

清華大學出版社
北　京

内 容 简 介

本书聚焦人工智能与教育技术的融合应用，系统呈现理论、工具与实践的完整体系。全书共分 6 章。第 1 章介绍教育技术基本概念、理论基础及发展历程。第 2 章解析计算机与人工智能基础，涵盖硬件系统、网络技术、智能芯片及前沿应用，揭示技术底层逻辑。第 3 章结合教育场景，配套案例详解 WPS 办公软件实操技能。第 4 章围绕信息化教学资源获取与工具应用，强调资源整合与创新设计。第 5 章聚焦教学设计与实施，融入 BOPPPS 模型与 AI 技术应用策略。第 6 章以微课制作为主题，结合具体学科案例展示技术落地路径。

本书以跨学科融合为核心，打破传统学科边界，将教育学、计算机科学、心理学等知识有机整合，培养学生多维度思维能力。采用项目式学习与案例教学法，通过 AI 辅助教学工具的应用和实践，让学生在实操中掌握技术与教学融合的技能。同时，课程紧跟技术前沿，实时更新 AIGC、DeepSeek 等新兴内容，确保学生接触行业最新知识。

本书专为高等学校师范类专业学生量身定制，旨在帮助未来教师掌握人工智能时代的教育技术，提升数字化教学与创新能力，使其能够在未来教育实践中，利用 AI 工具实现个性化教学、精准化评估，推动教育高质量发展。同时，课程也适用于对教育数字化转型感兴趣的教育从业者、教育研究者，为其提供理论参考与实践指导。

图书在版编目（CIP）数据

人工智能教育技术通识教程 / 周波，汤龙主编 . -- 北京 : 清华大学出版社 , 2025. 8（2025.10重印).
(新时代大学计算机通识教育教材). -- ISBN 978-7-302-69928-6

Ⅰ. TP18

中国国家版本馆 CIP 数据核字第 2025ZR3970 号

责任编辑： 苏东方
封面设计： 常雪影
责任校对： 李建庄
责任印制： 沈 露

出版发行： 清华大学出版社
网 址： https://www.tup.com.cn，https://www.wqxuetang.com
地 址： 北京清华大学学研大厦 A 座 **邮 编：** 100084
社 总 机： 010-83470000 **邮 购：** 010-62786544
投稿与读者服务： 010-62776969, c-service@tup.tsinghua.edu.cn
质量反馈： 010-62772015, zhiliang@tup.tsinghua.edu.cn
印 装 者： 三河市龙大印装有限公司
经 销： 全国新华书店
开 本： 185mm × 260mm **印 张：** 11.5 **字 数：** 267 千字
版 次： 2025 年 9 月第 1 版 **印 次：** 2025 年 10 月第 2 次印刷
定 价： 39.00 元

产品编号：113422-01

在数字化浪潮席卷全球的当下，人工智能作为关键驱动力，正深度重塑教育生态。从智能教学工具迭代，再到个性化学习模式构建，教育技术与人工智能的融合已成为推动教育创新发展的核心引擎。为助力教育工作者与学习者适配智能教育新生态，培养兼具教育理念与 AI 技术应用能力的复合型人才，特此编写本书。

本书面向教育从业者、师范类专业学生，以及对智能教育技术感兴趣的爱好者，在编写风格上秉持通俗易懂、实操导向原则。本书旨在帮助教师掌握人工智能时代的教育技术，提升数字化教学与创新能力，使其能够在未来教育实践中，利用 AI 工具实现个性化教学、精准化评估，推动教育高质量发展。内容体系从教育技术基本概念破题，串联计算机与人工智能基础、WPS 办公软件教育场景应用、信息化教学资源挖掘与工具使用、多元教学设计实施（课堂、在线、混合式）与微课制作全流程，系统呈现教育技术与 AI 融合的知识脉络。既阐释智能教育底层逻辑，又聚焦实操技能传授，适配 32 到 48 学时的教学安排，教师可依教学需求，灵活选取章节组合授课，助力读者打通“理论认知—技术应用—教学实践”链路 。

本书编写过程汇聚多位教育技术领域教师的智慧。第 1 章由袁海铭执笔，解析教育技术概念与 AI 时代教师能力新要求；第 2 章范文星主笔，夯实计算机与 AI 技术基础；第 3

章由车庆首编写，聚焦 WPS 办公软件教育场景实用功能；第 4 章由胡瑞娇梳理信息化教学资源与工具；第 5 章由林丽萍编写，深耕教学设计与实施；第 6 章由周波解析微课制作精髓，全书经反复统筹打磨。编写期间，团队克服内容整合、技术迭代适配等挑战，终成体系。

因学识、时间所限，书中对人工智能教育应用的前沿拓展、复杂场景深度适配或有不足，盼读者不吝指正，我们将虚心吸纳建议，持续优化内容。

周　波

2025 年 6 月

目 录

第 1 章 教育技术概述 1

1.1 教育技术基本概念 1

1.1.1 教育技术的定义 2

1.1.2 教育技术的理论基础 3

1.1.3 教育技术的技术基础 5

1.1.4 教育技术的发展历程 8

1.2 人工智能时代的教师教学能力 12

1.2.1 教师教育技术能力标准 12

1.2.2 人工智能时代的教师能力结构 14

1.3 课后习题 19

第 2 章 计算机与人工智能基础 20

2.1 计算机概述 21

2.1.1 计算机的产生与发展 21

2.1.2 计算机的分类和特点 22

2.1.3 计算机的应用领域与未来发展 23

2.2 计算机系统 25

2.2.1 硬件系统 25

2.2.2 软件系统 28

2.3 计算机网络和 Internet 30

2.3.1 计算机网络基础 30

2.3.2 因特网的基础与应用 …… 32
2.3.3 计算机网络安全 …… 36
2.4 人工智能技术基础 …… 38
2.4.1 人工智能概述与发展 …… 38
2.4.2 人工智能的核心技术 …… 39
2.4.3 人工智能的前沿应用 …… 45
2.5 课后习题 …… 48

第 3 章 WPS 办公软件教育应用基础 50

3.1 WPS 文字 …… 51
3.1.1 WPS 基本操作 …… 51
3.1.2 文档格式化 …… 52
3.1.3 教育特色功能应用 …… 59
3.2 WPS 表格 …… 60
3.2.1 WPS 基本操作 …… 60
3.2.2 数据处理与公式函数 …… 61
3.2.3 数据可视化 …… 65
3.3 WPS 演示 …… 66
3.3.1 WPS 基本操作 …… 66
3.3.2 课件设计基础 …… 66
3.3.3 幻灯片设计与美化 …… 70
3.3.4 幻灯片的放映与录制技巧 …… 72
3.4 课后习题 …… 73

第 4 章 信息化教学资源与工具 75

4.1 信息化教学资源概述 …… 75
4.1.1 信息化教学资源的概念 …… 75
4.1.2 信息化教学资源的类型及特点 …… 76
4.2 信息化教学资源的获取 …… 79
4.2.1 官方与权威平台资源获取 …… 79
4.2.2 在线课程与开放教育资源 …… 79
4.2.3 专业素材与工具资源 …… 80
4.2.4 文献与学术资源 …… 80

4.2.5 社交与社区资源 80
4.3 信息化教学工具 80
4.3.1 搜索引擎工具 81
4.3.2 学术搜索 87
4.3.3 思维导图工具 91
4.3.4 图像处理工具 92
4.3.5 SmoothDraw 工具 94
4.3.6 视频处理工具 97
4.3.7 课件制作工具 100
4.3.8 希沃电子白板工具 104
4.3.9 AIGC 工具 122
4.4 课后习题 137

第 5 章 教学设计与实施 139

5.1 教学设计概述 140
5.1.1 教学设计的基本概念 140
5.1.2 教学设计的基本过程 141
5.1.3 教学设计的主要内容 144
5.2 课堂教学设计与实施 153
5.2.1 课堂教学概述 154
5.2.2 课堂教学的流程设计 154
5.2.3 课堂教学的实施案例 155
5.3 在线教学设计与实施 158
5.3.1 在线教学概述 159
5.3.2 在线教学的流程设计 160
5.3.3 在线教学的实施案例 160
5.4 混合式教学设计与实施 164
5.4.1 混合式教学的流程设计 164
5.4.2 混合式教学设计案例 165
5.5 课后习题 168

第 6 章 微课制作 170

6.1 微课的本质 170

6.2 微课制作的工具 ········· 170
6.2.1 用 DeepSeek 生成脚本 ········· 171
6.2.2 用即梦 AI 生成图片 ········· 171
6.2.3 用 TTSMAKER 生成配音 ········· 172
6.2.4 用剪映生成微课 ········· 173
6.2.5 导出微课 ········· 174
6.3 课后习题 ········· 174

参考文献 175

第 1 章

教育技术概述

教育技术是教育领域中一个不断发展且极具活力的分支，它融合了教育学、心理学、计算机科学、系统科学、传播学等多学科的理论与实践，旨在通过各种技术手段和方法优化教育教学过程，提升教育教学质量，促进学习者知识、技能和素养的全面发展。伴随着现代科学技术的不断进步，教育技术迎来了快速变革与创新的阶段。如今，它已经成为推动教育现代化、实现教育公平、满足个性化学习需求以及提升教育质量的重要力量。与此同时，教育技术的普及对教师的教学能力、学生的学习方式提出了新的要求，当前教师的主要任务不仅是传授知识，还需要将知识转化为学生的能力。本章重点讲解教育技术的基本概念、理论基础、技术基础及发展历程，人工智能时代对教师教学能力的要求，人工智能时代典型的教学组织形式。

本章目标

（1）理解教育技术的基本概念、理论基础及技术基础。

（2）熟悉国内教育技术的发展历程。

（3）能够阐述人工智能时代下教师应具备的教学能力。

学习建议

（1）学习重点：教育技术的基本概念、理论基础、技术基础与我国教育技术的发展历程，人工智能时代的教师教学能力，人工智能时代典型的教学组织形式。

（2）课前活动：通过观看教学视频结合浏览教材内容，了解教育技术的应用基础和人工智能时代对教师教学能力的要求。

1.1　教育技术基本概念

信息技术在教育中的普及和应用，使传统的教育教学模式受到强烈冲击，引起教育观念、教育内容、教育手段、教育方法的重大变革。如何应用信息技术实现教育教学的最优化，探索信息时代的教育模式，提高教育质量，成为当今教育研究的热点。教育技术就是探索如何应用技术推动教育变革与创新、促进学生有效学习的理论与实践领域，它已成为现代教育不可或缺的组成部分。

1.1.1 教育技术的定义

教育技术目前存在三种定义，分别是 94 版定义、05 版定义和 17 版定义。其中 94 版定义概念比较完整，因此目前国内教育技术领域仍普遍采用 94 版定义。

美国教育传播与技术协会（Association for Education Communication and Technology，AECT）1994 年给教育技术的定义是：教育技术是关于学习过程与学习资源的设计、开发、利用、管理和评价的理论与实践。教育技术的构成与内涵如图 1-1 所示。

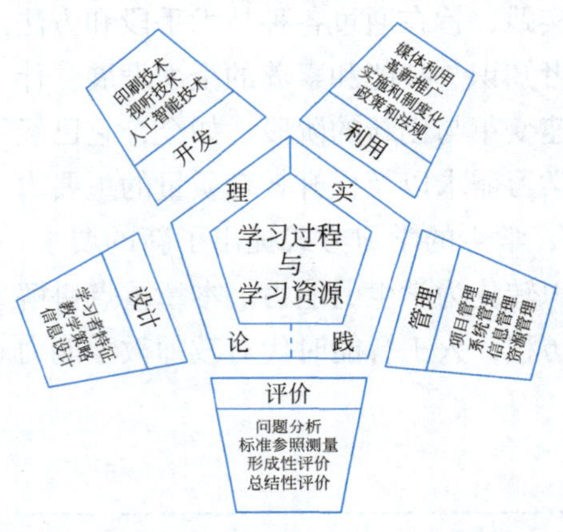

图 1-1　教育技术的构成与内涵

该定义明确指出教育技术的研究形态（理论与实践并重）、两个研究对象（学习过程与学习资源）和五个研究领域（设计、开发、利用、管理和评价），具体内容如下。

（1）学习过程与学习资源的设计，是指为达到既定的教学目标，首先要对学习者进行特征分析、制订教学策略，在此基础上进行教学系统及教学信息的设计。其中，包括教学内容的确定、教学媒体的选择、教学信息与反馈信息的呈现方式的设计等，以创造最优化的教学模式，使每个学生都成为主动且成功的学习者。

（2）学习过程与学习资源的开发，是指对印刷技术、视听技术、基于计算机的多媒体技术、网络技术、人工智能技术以及多种技术综合集成应用于教育教学过程的开发研究。可以说，开发是对教学设计结果的“物化”或“产品化”，是教学设计的具体应用。开发的范围可以是一节课、一个新的改进措施、一个学校教育系统的具体规划和实施方案，也可以是当前大模型技术驱动下的教育智能体。

（3）学习过程和学习资源的利用，强调对新兴技术（特别是人工智能技术）、各种相关学科最新研究成果以及各种信息资源的利用和传播，并加以制度化、规范化，以支持教育技术手段的不断革新。

（4）学习过程和学习资源的管理，指对所有学习过程和学习资源进行计划、组织、协调和控制。具体包括教学项目管理、系统管理、信息管理、资源管理等。“管理出效益”，科学管理是教育技术实施和教学过程、教学效果优化的保证。

（5）学习过程和学习资源的评价，是指在注重对教育教学系统的总结性评价的同时，更要注重形成性评价，并以此作为监控质量和不断优化教学系统与教学过程的主要依据。只有具备多角度、多方位的科学评价体系，才能保证教学系统研究更加科学、合理。

随着教育技术的不断发展，美国教育传播与技术协会对教育技术的定义进行了深入探讨，并于 2005 年，把教育技术重新定义为：教育技术是指通过创造、使用、管理适当的技术过程和资源，促进学习和改善绩效的研究与符合道德规范的实践。

2017 年，该组织再次给出教育技术新定义：教育技术是通过对学与教的过程与资源进行策略设计、管理和实施，以提升知识、调节和促进学习与绩效的关于理论、科研和最佳方案的研究且符合伦理的应用。但由于这些定义并未改变教育技术 1994 年定义的本质，且未能在教育技术实践中广泛应用，因此目前国内教育技术领域仍普遍采用 1994 年的定义。

1.1.2 教育技术的理论基础

1. 学习理论

学习理论是研究人类怎样学习的理论，旨在阐明学习是如何产生的、经历怎样的过程、有哪些规律、如何才能进行有效的学习等问题，是依据心理、生理科学机制揭示学习过程的规律而形成的理论。现代教育技术研究学习理论的目的是让人们将相关理论中对学习的基本观点与信息化学习环境联结起来，探讨如何将学习者自身的学习能力与信息化环境的独有特点相融合，进行更加有效的教学与学习，从而提高教育和教学的质量。由于学习过程的复杂性，学者的观点、视野和研究方法的差异，形成了许多不同的学习理论流派。本节简要介绍对教育技术有较大影响的行为主义、认知主义、建构主义和联通主义等学习理论。

（1）行为主义学习理论。

行为主义学习理论（Behaviorist Learning Theory）是指运用行为主义的理论和方法研究学习的一种心理学流派。行为主义的基本假设是：行为是学习者对环境刺激所做出的反应，把环境看成是刺激，把伴随而来的有机体行为看作是反应，认为所有行为都是习得的。

（2）认知主义学习理论。

认知主义学习理论（Cognitive Learning Theory）源于格式塔心理学派，这个学派认为学习是人们通过感觉、知觉得到的，是由人脑主体的主观组织作用而实现的，并提出学习是依靠顿悟，而不是依靠尝试与错误来实现的观点，否定刺激（Stimulate，S）与反应（React，R）的联系是直接的、机械的。代表人物有皮亚杰、布鲁纳、奥苏贝尔、托尔曼和加涅。

（3）建构主义学习理论。

建构主义学习理论（Constructivist Learning Theory）的基本思想是：学习是学习者主动建构内部心理结构的过程，它不仅包括结构性的知识，也包括大量的非结构性的经验背景。它强调学生在学习过程中主动建构知识的意义，并力图在更接近、更符合实际情况的情境性学习活动中，以个人原有的经验、心理结构和信念为基础来建构新知识，赋予新知识以个人理解的意义。

（4）联通主义学习理论。

伴随着 Web 2.0、新媒体等技术的发展，人们对学习的理解、对知识更新周期的适应越来越需要新的学习理论来解释和引导，由此催生了联通主义学习理论（Connectivism Learning Theory）。乔治·西蒙斯教授在《联通主义：数字时代的学习理论》（*Connectivism: A Learning Theory for the Digital Age*）一文中提出了联通主义思想，指出学习不再是一个人的活动，学习是连接专门节点和信息源的过程。也就是说，联通主义的起点是个人，个人的知识是一个网络，而这个网络又被放入其他的知识网络，这种高度网络化的知识系统，使得人们获得知识的途径大大增加。这种共享的方式为泛在学习提供了丰富的学习资源库，因此，联通主义学习理论也是泛在学习必不可少的理论基础。

2. 教学理论

教学理论是解决如何教的问题，它与学习理论相互依赖。学习理论构成了教学理论的基础，为我们提供了发现一般教学原理的最切实的起点。但是，“教”与“学”毕竟是不同的两个范畴，要运用教育技术的理论解决教育实践问题，不但要有正确的学习观，还要对教学过程的性质和规律有清楚的认识，而后者是教学理论要着重研究的内容，是教育技术另一个重要的研究范畴。以下主要对程序教学理论、发现教学理论、掌握学习理论和教学过程最优化理论做简要介绍。

（1）程序教学理论。

20 世纪 50 年代，斯金纳根据操作性条件反射与强化理论提出了学习材料的程序化思想，发展出程序教学理论。程序教学理论中教学的基本过程为：程序编制者把教材分解成许多小项目，按一定顺序加以排列，对每个项目提出问题，通过教学机器或程序教材来呈现，要求学生做出选择反应或解答反应，然后提供正确答案以便核对，并给予强化。程序教学理论的教学原则包括小步子原则、积极反应原则、即时反馈原则、低错误率原则和自定步调原则。

（2）发现教学理论。

发现教学理论是由美国著名认知主义心理学家布鲁纳提出的，其基本观点为：发现教学是在教师的启发诱导下，学生通过对一些事实和问题的独立探究与积极思考，自行发现并掌握相应的原理和结构的一种数学方法。发现教学理论认为学习一门学科最重要的是掌握它的基本结构，要想取得好的学习效果，就必须采用发现法。发现教学理论的教学原则包括动机原则、结构原则、启发原则和反馈原则。

（3）掌握学习理论。

掌握学习理论也是一种教学理论，是由美国心理学家、教育学家布卢姆提出的，掌握学习理论与布卢姆的教育目标分类学相联系。布卢姆把教育目标分为认知、情感和动作技能三大领域，掌握学习理论在认知、情感和动作技能领域中都具有一定的适用性，但其实际应用主要在认知和动作技能方面。掌握学习理论的基本观点为：掌握学习指的是在“所有学生都能学好”这一思想的指导下，以集体教学（班级授课制）为基础，辅之以经常、及时的反馈矫正环节，为学生提供所需的个别化帮助，使学生掌握一个单元后，再进行下一单元较高级的学习，从而使大多数学生达到课程目标所规定的掌握标准。

（4）教学过程最优化理论。

巴班斯基是苏联有影响力的教育家、教学论专家，他将现代系统论方法引入教学理论的研究，提出教学过程最优化理论。教学过程最优化理论的基本观点为：①教学应被看作一个系统，要用系统的观点、方法来考察教学；②教学效果取决于教学诸要素构成的合力，应对教学进行综合分析、整体设计、全面评价；③教学最优化简单地说就是在一定条件下用最少的教学时间取得最好的教学效果。教学过程最优化理论将教学看作一个系统，教学效果的好坏取决于教学诸要素的构成是否合理。

1.1.3 教育技术的技术基础

1. 多媒体技术

多媒体技术（Multimedia Technology）是一种以计算机技术为核心，通过计算机设备的数字化采集、压缩、解压缩、编辑、存储等加工处理，将文本、声音、图形、图像、动画和视频等多种媒体信息，以单独或合成的形态表现出来的一体化技术。多媒体关键技术包括数据压缩和编码技术、数字图像技术、数字音频技术、数字视频技术等，其中数据压缩和编码技术是指去除多媒体数据间的冗余，在保证信息量完整的情况下对数据进行压缩和编码，减少数据传输体积的技术，一般可分为无损压缩和有损压缩。数字图像技术是指为了满足视觉、心理等其他需求，利用计算机对图像进行分析、加工和处理的技术。数字音频技术包括声音采集和回放技术、声音识别技术和声音合成技术三个方面。三个方面都是基于计算机上的声卡实现的，声卡具有将模拟的声音信号数字化的功能。数字视频技术一般包括视频采集回放、视频编辑和三维动画视频制作等。多媒体技术的教育应用主要有以下四个方面。

（1）演示教学。

在教学过程中利用多媒体技术进行演示教学是目前应用最为普遍的一种方式。在传统以教为中心的教学模式中，多媒体技术主要用于教学内容的演示。在一机多人的多媒体教室里，教师通过多媒体计算机和数字投影仪等设备，将教学内容的重点、难点以图片、图像、视频、动画、音乐等多种媒体形式表现出来，有利于学生理解和接受新知识，从而提升教学质量。

（2）交互式教学。

多媒体和网络技术能够提供图、文、声并茂的多种感官综合刺激，有利于情境的创设和保持，界面友好、形象直观，而且还能够按照超文本、超链接等方式组织管理学科知识和各种教学信息，提供丰富多彩的人机交互方式，让学生能及时得到反馈，了解自己的学习结果，从而调整学习方法或学习程序。这种交互式学习有利于激发学生的学习兴趣。发挥学生的认知主体作用。因此，学生既可以通过计算机与多媒体技术的有效结合进行自主学习，也可以借助网络资源进行协作式学习，这两种学习方式具有共同的特点——双向的交互式学习。

（3）现代远程教学。

现代远程教学是指教师和学生在时空相对分离的情况下，利用网络技术、多媒体视频技术等现代信息技术将课程教学实时或非实时地传送到校园外而开展的一种新型教育模式。例如，教育部提出的“三个课堂”（专递课堂、名师课堂和名校网络课堂）就是现代远程教学应用的新形态。

（4）虚拟仿真教学。

虚拟仿真教学经常用于抽象知识的教学过程中。虚拟仿真教学是指利用多媒体技术与增强现实（Augmented Reality，AR）、虚拟现实（Virtual Reality，VR）仿真技术结合，用来模拟、仿真或再现一些现实中不存在或难以体验的事物。例如，在医学专业人体解剖的课程上，就可以通过多媒体技术与仿真技术结合模拟真实的人体解剖过程供学生进行学习，让学生沉浸在与虚拟环境的交互中，发挥想象力，从而达到更好的教学效果。随着技术的不断发展，虚拟仿真教学的课程建设也初具规模，例如，国家虚拟仿真实验教学课程共享平台为全国各地的高等和职业院校提供了丰富的虚拟仿真教学资源。

2. 网络技术

网络技术就是用通信设备和线路，将处在不同空间位置、操作相对独立的多个计算机连接起来，再配置一定的系统和应用软件，在原本独立的计算机之间实现软硬件资源共享和信息传递的技术。网络技术在其发展过程中呈现出几个特点：能实现数据信息传输和集中处理、可共享计算机系统资源、能进行分布处理以及综合信息服务。网络技术的发展日新月异，为教育的创新和变革增添了强有力的技术支持，网络技术在教育领域的创新应用主要有以下三个方面。

（1）教育“云平台”的搭建。

“云技术”的“云”可以理解为“云端”，它是巨大的资源空间。云技术实质上是一种共享式的信息服务，其主要功能是实现资源的分布式管理。在现代教育中，可以利用网络技术搭建教育“云平台”，从而实现全世界范围内教育资源的交流与共享。“云平台”的搭建不仅能方便教师在平时的教学资源整合中高效处理信息，还能让教师通过自我学习提升自身的教学能力和水平。例如，国家教育资源公共服务平台提供的基础教育精品课资源，覆盖小学、初中、高中各个年级的包括语文、数学和英语在内的多门学科，在促进教师课堂教学、学生自主学习和教师专业发展方面发挥了重要作用。

（2）“智慧校园”建设。

在目前智慧校园建设的进程中，网络的搭建是至关重要的环节。智慧校园的“智慧”依赖于大数据的支撑，对这些数据进行储存、传输和分析的操作离不开强大的通信网络技术的支持。随着网络技术的迭代发展，出现了 5G 技术，中国联通 5G 创新中心发布的《5G+ 智慧校园白皮书》中指出 5G 的高速率、低时延和大连接的特性，能够有力地支持智慧校园的数据传输，打破数据与资源的壁垒，保证智慧校园各场景的连通。

（3）支持在线教学和在线学习。

在线教学如今受到全社会的关注，特别是在疫情期间，正是由于强大的网络技术的支持，在线教学才得以顺利开展。网络的不稳定或者连接速率过慢都会影响教学效果。另外，学生进行在线学习的过程中需要观看教师发布的课程、查找合适的网络学习资源，遇到疑难问题时需要与同学交流或向教师寻求线上的帮助，这些都离不开稳定高速的网络环境。强大的网络技术能够为学生的在线学习赋能，提升在线学习的效率和质量。

3. 人工智能技术

人工智能（Artificial Intelligence，AI）是计算机科学的一个分支，旨在通过模拟人类智能的感知、推理、学习、决策和创造能力，构建能够执行复杂任务的智能系统。其核心目标在于使机器具备类人智能或超人类智能，以解决现实世界中的问题，其研究内容包括机器人、语言识别、图像识别、自然语言处理和专家系统等。人工智能技术在教育的应用主要有以下四方面。

（1）智能导师系统。

智能导师系统是人工智能在教育领域的一个重要应用，它能够在学习者学习的过程中实时跟踪、记录和分析学习者的学习过程和结果，以了解其个性化的学习特点，并根据这一特点为每一位学习者选择合适的学习资源，制定个性化的学习方案。智能导师通过自然语言处理和语音识别技术，来实现计算机扮演导师角色的功能，它能够为学生提供辅助性的学习材料。智能导师在为学习者提供有针对性、即时的学习方案时，还能够对学习者的学习表现和问题解决的情况进行评价和反馈，并提出相应的建议。

（2）教育机器人等智能助手。

教育机器人作为学生学习的助手，可以帮助学生管理学习任务和时间，分享学习资源，引导学生积极主动地参与到学习中，通过与学生的友好合作，进而促进学生的学习。例如，“未来教师”机器人不仅可以帮助教师完成课堂辅助性或重复性的工作，如朗读课文、点名、监考、收发试卷等，还可以帮助教师收集、整理资料，辅助教师备课、参加科研活动，既减轻了教师的负担，又提高了教师的工作效率。

（3）实时跟踪与反馈的智能测评系统。

智能测评强调通过一种自动化的方式来评价学生的发展。通过人工智能技术实现的自动测评方式，能够实时跟踪学习者的学习表现，并实时地对学生的学习表现进行综合评价。

（4）场景驱动下的教学支持系统。

场景驱动强调通过多模态交互、数据挖掘与自适应算法，实现教师教学效率与个性化水平的跃升，并且提高了学生参与学习的积极性。主要场景包括沉浸式课堂教学场景、个性化学习场景、教育管理场景、虚拟实训与跨学科创新场景。例如，广东省江门市蓬江区范罗冈滨江小学，让学生安全地进行化学实验或天文观测，如“四季与地球公转”课程中，借助 3D 动画与虚拟实验，将抽象的天文知识转化为直观体验，学生高阶思维参与度提升超 40%。在农林双朗小学的语文课堂上，教师借助 AI 工具让《送元二使安西》的离别诗意跨越千年，学生与“AI 王维”对话，通过数字场景还原古诗意境，并在数字微光中体悟诗韵。

1.1.4 教育技术的发展历程

1. 国外教育技术的发展历程

在世界教育技术研究领域中，美国是最早开始对本领域、学科进行历史研究的国家，因此，国外教育技术以美国为代表，可以从三条不同路径追溯美国教育技术的形成与发展：一是以早期的个别化教学—程序教学—计算机辅助教学为主线的个性化教学技术发展路径；二是以直观教学—视觉教学—视听教学—视听传播路线为主线的媒体教学技术发展路径；三是教学系统方法发展路径。这三条不同的发展路径交错在一起，共同促进教育技术的发展。

（1）个性化教学技术。

① 早期的个别化教学。

个别化教学是一种适应每个学习者不同需要和特点的教学方式。在夸美纽斯（Johann Amos Comenius）提出班级授课制以前，个别化教学一直是教育的基本形式，主要通过教师与学生的面对面交流而实现。在美国，真正意义上的个别化教学系统的发展始于伯克（Frederic Burk）于 1912 年至 1913 年在旧金山师范学院实验的个别学习制。早期个别化教学计划的特点是：学生可以自定学习进度，但只有达到一定的教学要求才能转入下一步的学习，重视课程内容的选择和组织。由于 20 世纪 30 年代经济大萧条和进步教育运动的影响，这类个别化教学形式日趋消失。但是，早期的个别化教学实验为教育技术的个别化教学研究和实践积累了宝贵的经验。

② 程序教学。

程序教学就是将教学内容按一定的逻辑顺序分解成若干小的学习单元，编制成教学程序，由学习者自主学习。程序教学的特点是：学习步骤小、学习进度自定、积极反应、即时反馈等。一般认为，普莱西（S. Pressey）是世界上第一台教学机器的发明人和使用者，但程序教学兴起并受到教育界的普遍重视，应主要归功于斯金纳、克劳德（Borman Crowder）、普莱西等人，特别是1954年哈佛大学行为主义心理学家斯金纳发表的《学习科学和教学的艺术》一文，激发了人们对程序教学的极大兴趣。按照行为主义关于操作性条件反射和积极强化的理论，斯金纳设计了便于及时强化的程序教学机器和便于进行程序教学的程序。程序教学的模式有两种：直线式程序和分支式程序。

③ 计算机辅助教学。

程序教学之后，计算机技术的发展催生了计算机辅助教学（Computer Assisted Instruction，CAI）。计算机辅助教学经历了行为主义学习理论、认知主义学习理论、建构主义学习理论三个发展阶段。在目前主流的建构主义学习理论的指导下，人们开始利用多媒体计算机和网络通信技术构造基于建构主义的教学系统。学习者在这种教学系统中既可以进行个性化学习，又可以进行小组协作学习和群体学习。计算机不再只作为一种辅助教学的工具，还可以作为认知工具、情感激励工具以及协作和交流的工具，起到导师、伙伴、工具的作用。因此，计算机辅助教学这个概念已不能完全反映计算机在教育中的作用。目前，国际上（特别是在欧洲）更倾向于使用“计算机辅助学习”（Computer Assisted Learning，CAL）一词。尽管如此，计算机辅助教学仍是计算机在教育领域的主要应用，个别化教学是计算机辅助教学的基本功能。

随着网格计算、云计算、语义网、情感计算和虚拟仿真技术的日臻成熟，各种计算机辅助教学技术，如智能导师系统和学习管理系统等不断涌现。智能导师系统以语义网技术为核心，融合机器学习、知识工程等技术为学生构建个性化模型，并以此提供个性化的学习路径和服务，计算机辅助教学进入全新的阶段。

（2）媒体教学技术。

① 直观教学。

直观教学是教育技术的先声，由17世纪的捷克教育学家夸美纽斯提出。直观教学通过运用真实事物的标本、模型、图片等为载体传递教学信息，进行具体的教学活动。然而，夸美纽斯提出的直观教学理论当时并没有在实践中产生很大的影响，直到19世纪初期，经过瑞士教育家裴斯泰洛齐（Johann Heinrich Pestalozzi）、德国教育家福禄贝尔（Froebel）和第斯多惠（Diesterweg）等人的大力倡导，直观教学理论才开始在欧洲流行，然后迅速传到美洲大陆，并对美国视觉教学产生了深刻的影响。

② 视觉教学。

20世纪初，美国的视觉教学（Visual Instruction）开始出现。视觉教学源于美国宾夕法尼亚州的出版公司金士顿（Keystone View Company）1906年出版的《视觉教学》一书。“视觉教学”作为一场教学改革运动的名称，一直沿用到1947年全美教育协会的视觉教学部正式改名为视听教学部（Department of Audio-Visual Instruction，DAVI）为止。

③ 视听教学。

有声电影和广播录音技术的发展及其在教育领域的应用，使得原有的视觉教学概念已经不能囊括当时的教学实践，促使视觉教学发展为视听教学（Audio-Visual Instruction）。第二次世界大战结束以后的十年是视听教学稳步发展的时期，视听领域开展了一系列的研究，重点探讨视听媒体的特性及其对学习的影响，以杜威实用主义教育理论为基础的各种视听理论相继出现。在诸多关于视听教学的研究中，堪称代表的是戴尔（E. Dale）于 1946 年所著的《教学中的视听方法》一书。书中提出的“经验之塔”理论，融合了杜威的教育理论和当时流行的心理学观点，成为当时以及后来的视听教育的主要理论根据。其要点是：越底层的经验越具体，越往上越抽象，各种教学活动可以依其经验的具体抽象程度，排成一个序列；教学活动应从具体经验入手，逐步进入抽象经验；在学校教学中使用各种媒体，可以使教学活动更具体，也能为抽象概括创造条件；位于“塔”的中间部位的那些视听教材和视听经验，比上层的言语和视觉符号具体、形象，又能突破时间和空间的限制，弥补下层各种直接经验的不足。戴尔的“经验之塔”理论如图 1-2 所示。

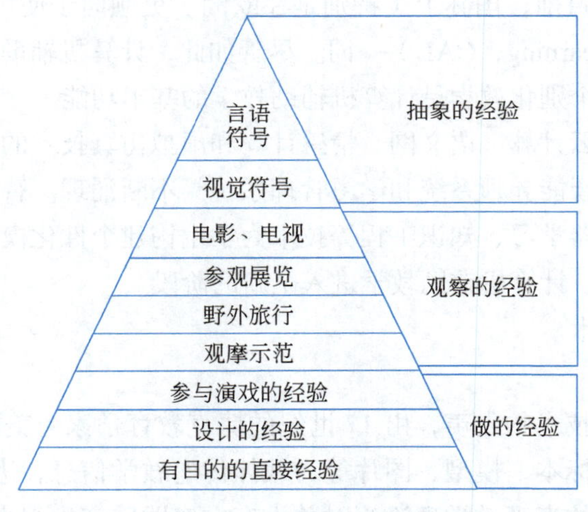

图 1-2 戴尔的“经验之塔”理论

④ 视听传播。

第二次世界大战以后，传播理论和早期的系统论开始影响视听教学领域，使视听教学演变为视听传播（Audio-Visual Communication），这使得教学从媒体论逐渐向过程论和系统论两个方向发展，于是教育技术的观念开始更新。

（3）教学系统方法。

20 世纪 60 年代初期，加涅（Robert M.Gagne）、格拉泽（Robert Glaser）、布里格斯（LJ.Briggs）等将系统论思想与教学任务分析、行为目标和标准参照测试等理论、概念及方法有机结合，提出了早期的“系统化设计教学”模型。从 60 年代中期开始，运用系统方法解决教学问题逐渐成为视听传播领域的指导思想。美国教育技术委员会（The Commission on Instructional Technology）在20世纪60年代后期把教育技术定义为：教育技术是一种根据特定目标来设计、实施和评价整个教学过程的系统方法，并以对人的学习与传播的研究为基础，综合运用人力、物力资源，以达到更有效的教学的目的。到20世纪70年代,美国的教育技术已脱离了只重视媒体教学应用的取向,个别化教学技术、媒体教学技术、教学系统方法整合为一体，成为一个系统而完整的领域。

进入21世纪后，人工智能技术的变革与创新已完成对教育生态的全面渗透，推动教育理念、教育内容，教育方法、学习方式和管理模式的深刻变革，推动教育技术的理论与实践蓬勃发展。国际上教育技术新理论、教学新模式不断涌现，教育技术已成为推动各国教育发展与改革的重要手段。

2. 我国教育技术的发展历程

我国教育技术的发展可以分为五个阶段：第一阶段是早期探索阶段，第二阶段是视听教育阶段。第三阶段是电化教育的全面发展阶段，第四阶段是教育信息化阶段，第五阶段是智能教育阶段。

（1）早期探索阶段。

20世纪20—40年代，在“国民教育”、“义务教育”和“实用主义教育”等教育思想的影响下，一批怀着“教育救国”理想的有识之士纷纷远渡重洋，寻找救国救民之良方。他们开始接触到当时欧美发达国家教育教学中使用的幻灯机、无声电影、广播等，认为这些手段形象直观，特别适合当时文化素质普遍很低，甚至是文盲的广大国民的教育，因而积极引进到中国，为当时的国民教育运动服务。

（2）视听教育阶段。

20世纪50—70年代，视听媒体在教育中的应用逐渐普及，广播、电影、电视等技术被广泛应用于教学。新中国成立后，电化教育机构逐步完善，各地建立了电化教育馆，推动了教育技术的系统化发展。

（3）电化教育的全面发展阶段。

1919年开始有人运用幻灯机进行教学，这是我国电化教育起步的标志。“电化教育”一词，在我国是20世纪30年代出现的。我国较为正式地使用“电化教育”一词始于1936年，当时的教育部举办电化教育人员训练班，由各地选派学员参加，学员结业后，就将“电化教育”名称带回各地，此后各级教育行政部门也陆续正式使用“电化教育”名称，并推广沿用至今。当时的电化教育专门指电影教育和播音教育，并作为一种先进的教育手段先后在社会教育和学校教育中应用。由于当时经济落后，科学技术不发达，电化教育未能广泛地开展起来，但是，它代表了我国教育技术发展的开端。1978年，全国电化教育馆长会议召开，明确了电化教育在教育事业中的地位和作用。1979年，中国教育技术协会成立，推动了电化教育的学术研究和实践探索。

（4）教育信息化阶段。

21 世纪初期—10 年代政府陆续出台了《2003—2007 年教育信息化发展纲要》《2012—2015 年教育信息化发展纲要》等政策文件，明确了教育信息化的发展目标和任务，推动了信息技术在教育领域的深度融合。互联网技术的快速发展和普及，使网络教学、在线教育等新型教育模式逐渐兴起。多媒体技术的应用也为教学提供了更加丰富和生动的资源。

（5）智能教育阶段。

2010 年代末至今，学校开始建设智慧校园，利用物联网技术实现校园设施的智能化管理。智慧课堂成为教学的新模式，通过智能教学平台和工具，实现教学过程的智能化和个性化。人工智能技术在教育领域的应用不断深化，如智能辅导系统、自适应学习系统等，能够根据学生的学习情况提供个性化的学习方案和指导，根据教师的教学目标提供个性化的教学测评方案和辅助。

经过几十年的理论研究和实践探索，我国的教育技术在概念界定、理论框架、学科建设、组织机构与教育信息化实践等方面都具有明显的中国特色。20 世纪 90 年代以后，我国和国外教育技术同行的交流开始增多，我国积极借鉴、吸纳了许多国外教育技术的理论和方法，不仅在名称上逐步改用“教育技术”，在研究的内容、方法和实践的领域也在逐步扩展。

1.2 人工智能时代的教师教学能力

1.2.1 教师教育技术能力标准

为全面提升中小学教师信息技术应用能力，促进信息技术与教育教学深度融合，教育部于 2014 年 5 月颁布了《中小学教师信息技术应用能力标准（试行）》。中小学教师的信息技术应用能力是指中小学教师运用信息技术改进工作效能、促进学生学习成效与能力发展，以及支持其自身持续发展的教师专业能力。该标准根据我国中小学校信息技术硬件设施条件的不同、师生信息技术应用情境的差异，对教师在教育教学和专业发展中应用信息技术提出了基本要求和发展性要求，包括“应用信息技术优化课堂教学的能力”和“应用信息技术转变学习方式的能力”两方面。其中，在“应用信息技术优化课堂教学的能力”方面，主要关注教师利用信息技术进行讲解、启发、示范、指导、练习与反馈等教学活动所应具有的能力；在“应用信息技术转变学习方式的能力”方面，主要关注教师利用信息技术支持学生开展交流合作、探究建构、自主学习与个性化发展等学习活动所应具有的能力。中小学教师信息技术应用能力标准主要内容见表 1-1。

表1-1　中小学教师信息技术应用能力标准

维度	应用信息技术优化课堂教学	应用信息技术转变学习方式
信息素养	1. 理解信息技术对改进课堂教学的作用，具有主动运用信息技术优化课堂教学的意识	1. 了解信息时代对人才培养的新要求，具有主动探索和运用信息技术变革学生学习方式的意识
	2. 了解多媒体教学环境的类型与功能，熟练操作常用设备	2. 掌握互联网、移动设备及其他新技术的常用操作，了解其对教育教学的支持作用
信息素养	3. 了解与教学相关的通用软件及学科软件的功能及特点，并能熟练应用	3. 探索使用支持学生自主、合作、探究学习的网络教学平台等技术资源
	4. 通过多种途径获取数字教育资源，掌握加工、制作和管理数字教育资源的工具与方法	4. 利用技术手段整合多方资源，实现学校、家庭、社会相连接，拓展学生的学习空间
	5. 具备信息道德与信息安全意识，能够以身示范	5. 帮助学生树立信息道德与信息安全意识，培养学生良好行为习惯
	6. 依据课程标准、学习目标、学生特征和技术条件，选择适当的教学方法，找准运用信息技术解决教学问题的契合点	6. 依据课程标准、学习目标、学生特征和技术条件，选择适当的教学方法，确定运用信息技术培养学生综合能力的契合点
	7. 设计有效实现学习目标的信息化教学过程	7. 设计有助于学生进行自主、合作、探究学习的信息化教学过程与学习活动
计划与准备	8. 根据教学需要，合理选择与使用技术资源	8. 合理选择与使用技术资源，为学生提供丰富的学习机会和个性化的学习体验
	9. 加工制作有效支持课堂教学的数字教育资源	9. 设计学习指导策略与方法，促进学生的合作、交流、探索、反思与创造
	10. 确保相关设备与技术资源在课堂教学环境中正常使用	10. 确保学生便捷、安全地访问网络和利用资源
	11. 预见信息技术应用过程中可能出现的问题，制订应对方案	11. 预见学生在信息化环境中进行自主、合作、探究学习可能遇到的问题，制订应对方案
	12. 利用技术支持，改进教学方式，有效实施课堂教学	12. 利用技术支持，转变学习方式，有效开展学生自主、合作、探究学习
	13. 让每个学生平等地接触技术资源，激发学生学习兴趣，保持学生学习注意力集中	13. 让学生在集体、小组和个别学习中平等获得技术资源和参与学习活动的机会
组织与管理	14. 在信息化教学过程中，观察和收集学生的课堂反馈，对教学行为进行有效调整	14. 有效使用技术工具收集学生学习反馈，对学习活动进行及时指导和适当干预
	15. 灵活处置课堂教学中因技术故障出现的意外状况	15. 灵活处置学生在信息化环境中开展学习活动发生的意外状况
	16. 鼓励学生参与教学过程，引导学生提升技术素养并发挥其技术优势	16. 支持学生积极探索使用新的技术资源，创造性地开展学习活动
评估与判断	17. 根据学习目标科学设计并实施信息化教学评价方案	17. 根据学习目标科学设计并实施信息化教学评价方案，并合理选取或加工利用评价工具
	18. 尝试利用技术工具收集学生学习过程信息，并能整理与分析，发现教学问题，提出针对性的改进措施	18. 综合利用技术手段进行学情分析，为促进学生的个性化学习提供依据

续表

维度	应用信息技术优化课堂教学	应用信息技术转变学习方式
评估与判断	19. 尝试利用技术工具开展测验、练习等工作，提高评价工作效率	19. 引导学生利用评价工具开展自评与互评，做好过程性和终结性评价
	20. 尝试建立学生学习电子档案，为学生综合素质评价提供支持	20. 利用技术手段持续收集学生学习过程及结果的关键信息，建立学生学习电子档案，为学生综合素质评价提供支持
学习与发展	21. 理解信息技术对教师专业发展的作用，具备主动运用信息技术促进自我反思与发展的意识	
	22. 利用教师网络研修社区，积极参与技术支持的专业发展活动，养成网络学习的习惯，不断提升教育教学能力	
	23. 利用信息技术与专家和同行建立并保持业务联系，依托学习共同体，促进自身专业成长	
	24. 掌握专业发展所需的技术手段和方法，提升信息技术环境下的自主学习能力	
	25. 有效参与信息技术支持下的校本研修，实现学用结合	

在人工智能时代，教师的教学能力基于之前的修订的标准，需要从多个方面进行重塑和提升，以适应教育变革的需求。人工智能时代下中小学教师教学能力标准的主要内容见表 1-2。

表1-2　人工智能时代下中小学教师教学能力标准

维　度	相 关 内 容	示 例 说 明
角色转变能力	从知识传授者到能力引导者，关注学生个性化需求，利用 AI 工具分析学情，提供个性化支持	提供个性化支持，教师通过 AI 分析学生数据，发现学习盲点，调整教学策略，为学生提供个性化学习路径
技术应用能力	掌握 AI 工具使用，包括智能教学系统、智慧课堂、数据分析工具等；具备数据素养	教师使用智能教学系统快速生成课件、批改作业，并利用数据分析优化教学方法
创新教学能力	设计和实施创新教学模式，如项目式学习（PBL）、混合式教学、沉浸式学习等	教师结合 VR/AR 技术创建沉浸式学习环境，或利用 AI 工具支持 PBL 教学中的实时反馈
跨学科整合能力	将 AI 技术与其他学科知识结合，开展跨学科研讨和教学活动	教师在数学课中结合数据分析案例，在语文课中引入自然语言处理相关知识
伦理与人文关怀	引导学生讨论 AI 伦理问题，增强数字公民意识；在技术应用中注重人文关怀	教师在课堂上讨论 AI 幻觉问题，引导学生思考 AI 技术的伦理边界

1.2.2　人工智能时代的教师能力结构

1. 传统的教师能力结构：TPACK 模型

传统的教师知识结构包括学科专业知识和教学法知识，但随着信息技术的发展，有关技术的知识和技能已成为信息时代教师知识结构中重要的组成部分。21 世纪的教师应能够适应信息时代的发展需要，具备信息技术环境下的教师专业素质。

为了适应信息时代的发展要求，近年来国外研究者针对 21 世纪社会发展对教师的新要求，提出了“技术—教学法—内容—知识”（Technological Pedagogical Content Knowledge，TPCK）的新概念。该概念是美国密歇根州立大学的学者科勒（Koehler）和米什拉（Mishra）于 2005 年在舒尔曼（Shulman）提出的学科教学知识 PCK 的基础上提出的。他们给 TPCK 的定义是：这是一种“整合技术的教师知识的框架”。在教师知识中，内容知识（Content Knowledge，CK）、教学法知识（Pedagogical Knowledge，PK）和技术知识（Technological Knowledge，TK）这三种主要的知识形态交互作用，构成了 TPCK 的技术与教学的整合框架，而处于该框架核心位置的便是上述三种知识的交集。原来的缩写 TPCK 均由辅音字母组成，不利于拼读和记忆，这为更大范围的普及造成障碍。于是美国全美教师教育学院协会（American Association of Colleges of Teacher Education，AACTE）创新与技术委员会经过广泛征求意见后，决定将原来的缩写 TPCK 改为便于拼读和记忆的 TPACK（即在原来名称中增加一个词 And，使原来的英文名称变为：Technological Pedagogical And Content Knowledge，该名称的原意不变，但可读成 T-Pack，意为教师知识的 Total PACKage（总包装）。这就是 TPACK 整合模式名称的由来。整合技术的教师知识框架如图 1-3 所示。

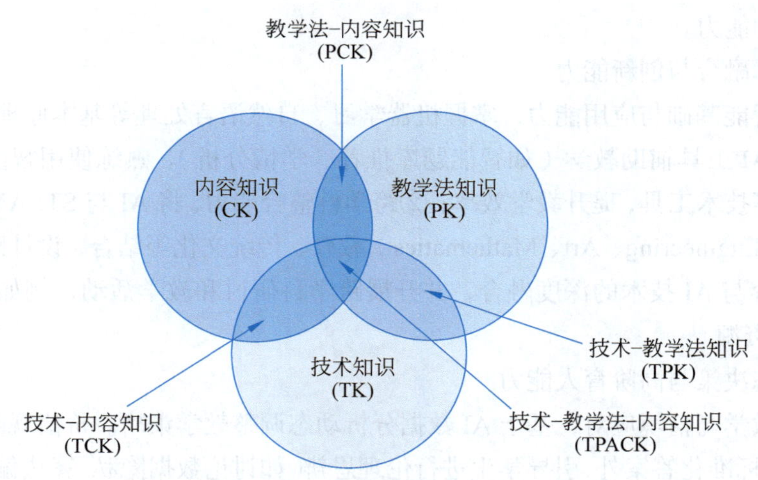

图 1-3　整合技术的教师知识框架（TPACK 模型）

2. 信息时代的教师能力结构

刘雍潜根据 TPACK 模型提出了信息时代的教师能力结构，包括以下三部分。

（1）学科教学能力。

学科教学能力是指教师的专业功底和与教学基本环节相对应的教学能力，由“教学法—内容—知识”（PCK）形成。具体包括：①关于学科内容的知识和能力；②对课程标准和教材的理解能力；③对学生学习基础和学习困难的诊断能力；④对教学过程的规划能力；⑤作业和试卷的设计能力；⑥体现学科特点的教学基本能力。

（2）教学设计能力。

教学设计是一种以认知学习理论为基础，以教育传播过程为对象，应用系统科学的方法分析、研究教学问题和需求，确立解决问题的方法和步骤，并对教学结果作出评价的一种计划过程和操作程序。教学设计能力由“技术—教学法—知识”（TPK）形成。

（3）资源应用能力。

资源应用能力是指教师的数字化教学资源应用能力，由“技术—内容—知识”（TCK）形成，资源应用能力进一步发展则形成资源开发能力。教师的资源应用能力应该包括：①教学资源的收集与鉴别；②教学资源的加工与处理；③教学资源的设计与开发。对于学科教师来讲，常用的教学资源主要有：演示文稿（PowerPoint，PPT）、多媒体课件、专题教学网站、网络课程等。

学科教学能力、教学设计能力和资源应用能力这三项能力最后综合成为信息技术与课程的整合能力，这就是信息时代教师所必须具备的能力。

3. 人工智能时代的教师能力结构

随着教育信息化改革的全面深化，要求教师不仅能应对不断变革的智能化教育环境，而且能够持续更新教育理念、改进技术方法。综合起来，人工智能时代教师还应具备以下五个方面的能力。

（1）技术融合与创新能力。

①人工智能基础与应用能力，掌握机器学习、自然语言处理等基本原理，并能选择与创新设计 AI 工具辅助教学（如智能题库推荐、学情分析）。熟练使用智能批改系统、虚拟实验室等技术工具，提升教学效率；②跨学科整合能力，将 AI 与 STEAM（Science、Technology、Engineering、Art、Mathematics）教育、传统文化等结合，设计跨学科项目。推动课程内容与 AI 技术的深度融合，并开展跨学科研讨和教学活动，例如通过生成式 AI 优化教学资源。

（2）动态决策与高阶育人能力。

个性化教学与情境应对，基于 AI 数据分析动态调整教学策略。价值观与伦理引导，在 AI 生成的标准化答案外，引导学生进行伦理思辨（如讨论数据隐私、算法偏见等议题），通过言传身教传递社会责任与道德判断力，守护教育的人文温度。教师要通过技术应用、智慧设计与人文关怀的深度融合，创设混合式学习场景，设计项目式与探究式任务，利用 AI 优化评价反馈机制，构建“数字赋能 + 人文浸润”教学模式，实现“数据驱动”与“人文关怀”的有机统一。

（3）数智素养与终身学习能力。

技术知识与高阶开发能力，掌握基础数智工具（如数据分析、视频制作），并具备高阶开发能力持续更新知识结构，跟进技术动态。数据驱动的专业发展利用 AI 进行教学反思与优化。构建终身学习体系，如通过 AI 支持的精准画像推送个性化学习资源。

（4）伦理意识与风险防范能力。

数据安全与伦理规范，遵循“以人为本”原则，规避数据滥用、算法歧视等风险。教育学生识别 AI 生成内容的真伪，防范隐私泄露。技术应用的伦理评估，在教学设计中嵌入伦理审查机制。推动“可信 AI”教育，强调技术透明性与可解释性。

（5）协作与生态构建能力。

人机协同与角色转型，从“知识传递者”转向“认知架构师”，协调 AI 与学生的互动。担任创新实践领航员。教育生态共建，参与校企合作，推动技术研发与教育需求的匹配。促进区域资源均衡（如通过 AI 双师课堂解决农村师资短缺的问题）。

4. 教师教育技术能力发展

教育技术已经成为促进当代教育系统变革与创新的重要因素，它运用教学设计的系统方法分析教学问题，应用技术解决现实问题。教育技术在实践中应用多媒体技术重构传统课程教学内容，应用网络技术丰富师生的互动与协作方式，为师生提供多样化的教学活动。教育技术能力是一种具有理论性、发展性与实践性的综合能力，是教师必备的专业实践能力。现代教师教育技术能力包括：教育技术应用的意识与态度、教育技术基本知识与技能、技术教学应用与创新能力等。

教育技术能力是现代教师最基本的教学能力之一，是以促进学生发展为目的，利用信息资源从事教学活动、完成教学任务的综合能力，是教师专业发展的核心能力。教师的教育技术能力是学科专业知识、学科教学法和技术应用多种能力综合发展的结果。

人工智能时代的教师教育技术能力发展可以分为五个阶段：起步、应用、融合、创新、协同，如图 1-4 所示。

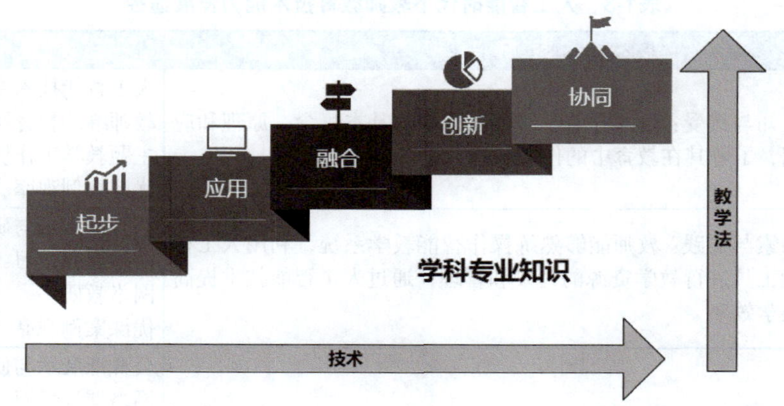

图1-4 人工智能时代的教师教育技术能力发展阶段

（1）起步阶段。

教师开始学习人工智能的基本概念、原理和应用，了解其在教育中的作用和潜力，并将其用做辅助工具，在教学过程中主动应用人工智能技术改变课堂教学行为，尝试将人工智能工具应用于简单的教学任务，如使用智能课件制作工具。

（2）应用阶段。

教师能够熟练操作智能教学系统，利用人工智能工具进行教学资源的开发和管理，通过人工智能技术提高教学效率，如自动批改作业、根据学生学习目标与教学大纲生成试卷、学习实验报告等。

（3）融合阶段。

教师将人工智能技术与教学内容、教学方法深度融合，设计符合学生发展的个性化教学方案。探索项目式学习、混合式教学等创新模式，利用人工智能支持学生自主学习，提高学生学习的兴趣。

（4）创新阶段。

教师能够创造性地将人工智能工具与教学活动结合，探索新的教学方法和策略，教师成为人工智能教育变革的引领者，推动教育模式的创新和转型。

（5）协同阶段。

教师与人工智能成为合作伙伴，教师与人工智能分工协作，共同完成教学任务。教师专注于教学创新和育人，作为教育生态的架构师，平衡技术与人文，重塑教育温度。

人工智能时代的教师教育技术能力发展的途径日益多元化，如参加专项培训、公开课交流、网络课程学习、教学工作坊、网络研修、优课案例观摩与分析等，如表 1-3 所示。人工智能时代的教师应转变教学观念，不断提高信息素养，探索与实践信息技术与课程整合的教学模式，帮助学生应用人工智能技术转变学习方式，推动人工智能时代与教育教学的深度融合，提高人才培养质量。

表1-3　人工智能时代下教师教育技术能力发展途径

发展阶段	教师表现	发展途径
起步	认知与接受：教师开始学习人工智能的基本概念、原理和应用，了解其在教育中的作用和潜力	人工智能技术专项培训 教师继续教育网络课程学习 主题教学工作坊 优课案例观摩
应用	探索与实践：教师能够熟练操作智能教学系统，利用人工智能工具进行教学资源的开发和管理，通过人工智能技术提高教学效率	公开课展示与研讨 网络课程学习 网络教研 优课案例观摩
融合	适应与优化：教师将人工智能技术与教学内容、教学方法深度融合，设计符合学生发展的个性化教学方案	公开课展示与研讨 网络课程学习 网络研修 优课案例观摩 微课教学

续表

发展阶段	教师表现	发展途径
创新	提升与变革：教师能够创造性地将人工智能工具与教学活动结合，探索新的教学方法和策略，创新教与学模式	公开课展示与研讨 网络课程学习 网络研修 名师工作室
协同	协同与平衡：教师与人工智能成为合作伙伴，分工协作，共同完成教学任务，教师专注于教学创新和育人，作为教育生态的架构师，平衡技术与人文，重塑教育温度	公开课展示与研讨 网络课程学习 网络研修 名师工作室

1.3 课后习题

一、填空题

1. 1994 年,AECT 将教育技术领域定义为：教育技术是关于________的设计、开发、运用、管理和评价的理论与实践。

2. 我国教育技术的发展经历了 ________、________、________、________、________五个阶段。

二、简答题

1. 教育技术的教育基础包括哪几个方面？请列出并简单说明。

2. 请简述人工智能时代下教师应具备的能力结构。

三、论述题

以某一学科为例，论述如何将人工智能技术与该学科课程进行有效整合，以创造出更符合学生学习规律与教师教学方法的教学新模式。

第 2 章 计算机与人工智能基础

计算机与人工智能相关技术应用在当今信息社会占据着重要地位，已经融入社会日常生活、工作和学习中，是人们不可或缺的工具。因此，更多地了解计算机与人工智能是大学生必备的知识素养。

本章从计算机概述开始，介绍计算机的产生与发展、分类和特点、应用领域和未来发展；然后介绍计算机硬件系统、微机性能的主要技术指标、计算机软件系统、计算机网络基础、因特网的基础与应用、计算机网络安全；最后介绍人工智能概述与发展、人工智能核心技术及人工智能的前沿应用。

本章目标

（1）了解计算机的发展历程，包括各代计算机的核心元件、软件特征及应用领域。

（2）掌握计算机硬件系统的五大组成（运算器、控制器、存储器、输入设备和输出设备）及工作原理。

（3）理解软件系统分类（系统软件、应用软件）及程序设计语言的发展（机器语言、汇编语言、高级语言）。

（4）熟悉计算机网络的基本概念、分类（局域网、城域网、广域网）、拓扑结构及 TCP/IP 体系。

（5）掌握人工智能的核心技术（自然语言处理、计算机视觉、语音处理等）及前沿应用（ChatGPT、自动驾驶、医疗影像分析等）。

学习建议

（1）理论与实践结合：通过拆解微机硬件（如 CPU、内存、硬盘）或安装操作系统，直观理解硬件架构与软件运行机制。动手配置简单网络（如局域网共享、防火墙规则），实践网络协议与安全技术。

（2）对比归纳法：列表对比各代计算机的核心差异（元件、速度、应用），梳理冯·诺依曼体系结构与现代计算机的关系。分类整理人工智能技术（如自然语言处理和计算机视觉）的原理、应用场景及典型案例。

（3）关注前沿动态：通过科技新闻（如量子计算突破、AI 大模型进展）更新知识，结合教材中“未来计算机发展”内容展开思考。小组讨论（如AI伦理、网络安全案例），培养技术应用的社会责任感。

2.1 计算机概述

2.1.1 计算机的产生与发展

1. 早期计算工具（17世纪—20世纪初）

机械计算时代：1642年，法国数学家帕斯卡发明第一台机械加法器，采用齿轮传动原理实现加减运算。1822年，英国科学家查尔斯·巴贝奇设计差分机，首次引入程序控制概念，被誉为“计算机之父”。1890年，美国统计学家霍列瑞斯发明打孔卡片制表机，利用机电技术实现数据自动处理，成功应用于美国人口普查。

2. 电子计算机诞生（20世纪40年代—50年代）

第一台通用电子计算机：1946年2月15日，美国宾夕法尼亚大学研制出世界第一台通用数字电子计算机——电子数字积分计算机（Electronic Numerical Integrator And Computer，ENIAC），采用18000多只电子管，1500多只继电器，占地170平方米，每秒可执行5000次加法或400次乘法运算，标志着电子计算机时代的开端，如图2-1所示。

在ENIAC的研发历程中，有一位中国人做出了不可磨灭的贡献，他就是朱传榘，如图2-2所示。朱传榘，1919年出生于天津，他在宾夕法尼亚大学学习期间，与5名美国人共同发明了世界上第一台计算机（ENIAC），在计算机发明过程中做出了重要贡献，特别是在计算机逻辑结构的设计中。然而，他的贡献在长达35年的时间里被美国隐瞒。直到1981年，美国才承认他的贡献并颁发“电脑先驱奖”给他。

图2-1　世界第一台通用数字电子计算机ENIAC

图2-2　朱传榘

3. 计算机的发展

ENIAC从诞生到现在仅70多年，但计算机的发展突飞猛进。而根据计算机采用的主要元器件不同，现代计算机的发展可分为四个阶段，如表2-1所示。

表 2-1 计算机的时代划分

时代	时间范围	核 心 元 件	软 件	主 要 应 用
第一代	1946—1957 年	电子管	机器语言、汇编语言	科学计算
第二代	1958—1964 年	晶体管	高级语言	科学计算、数据处理
第三代	1965—1970 年	集成电路	操作系统、数据库管理系统	文字处理、图形处理
第四代	1971 年至今	大 / 超大规模集成电路	分布式计算软件、网络等	社会的各个领域

第一代计算机（1946—1957 年）：采用电子管作为主要元器件，采用机器语言和汇编语言进行编程，主要应用于军事领域，以科学计算为主。缺点是体积大、功耗高、可靠性差、速度慢（一般为每秒数千次至数万次）且价格昂贵，但为计算机的发展奠定了基础。

第二代计算机（1958—1964 年）：采用晶体管作为主要元器件，开始使用高级语言编程，并出现了操作系统，应用领域以科学计算和数据处理为主，并开始进入工业控制领域。特点是体积缩小、能耗降低、可靠性提高、运算速度提高（一般为每秒数万次至数十万次）、性能比第一代计算机有了很大的提高。

第三代计算机（1965—1970 年）：主要元器件采用中小规模集成电路，运算速度可达每秒数百万次。开始使用结构化、模块化程序设计方法，操作系统逐渐完善，高级语言种类增多。应用领域进一步扩大。

第四代计算机（1971 年至今）：主要元器件采用大规模、超大规模集成电路，随着集成度的提升，计算机朝着巨型化和微型化方向发展，计算机主机和外部设备不断更新换代，出现了数据库管理系统、网络管理系统、分布式操作系统等软件，开始使用面向对象的程序设计，应用领域逐渐遍及各行各业。

2.1.2 计算机的分类和特点

1. 计算机的分类

从处理对象与数据表示形式来看，计算机可分为数字计算机、模拟计算机以及数字模拟混合计算机。依据用途划分，计算机又有通用计算机和专用计算机之分。而通用计算机按照规模、运算速度和功能等方面的差异，还能进一步细分为巨型机、大型机、小型机、微型机、工作站和服务器。

2. 计算机的主要特点

计算机具有以下主要特点。

（1）运算速度快、精度高。

我国在超级计算机领域的发展成果斐然：2013 年，“天河二号”（Tianhe-2A/MilkyWay-2A）荣膺全球最快超级计算机称号；从 2016 年 6 月起，全国产化的“神威 · 太湖之光”（Sunway TaihuLight）连续 6 次登上世界第一的宝座。这两款超级计算机的峰值运算速度表现亮眼，分别达到 93.015PFlops（每秒千万亿次浮点运算）和 61.44PFlops。即便在当下，它们依然在全球超级计算机榜单中占据重要位置。从这一发展历程可以清晰地看到，随着科学技术的不断进步，计算机的计算速度正以惊人的速度持续提升。

（2）逻辑判断准确可靠。

计算机内部采用二进制，这为其实现逻辑判断功能提供了基础。借助程序，计算机能够自动、精准地开展逻辑处理工作，完成各类过程控制和数据处理任务。

（3）存储能力强。

计算机具备长期存储海量信息的能力，这些信息涵盖文本、图形、图像、声音、动画以及视频等多种类型。

（4）自动执行。

在程序的控制下，计算机可自动完成各项操作，无需人工干预，并且能够重复执行。

2.1.3 计算机的应用领域与未来发展

1. 计算机的应用领域

计算机的应用领域十分广泛，目前已渗透到社会活动的各行各业。

（1）数值计算。

数值计算也叫科学计算，是计算机最早涉足的应用领域，至今仍是重要的应用方向。地震预测、气象预报、航天技术等领域，都离不开计算机在数值计算方面的强大能力。

（2）数据处理。

数据处理，也被称作信息处理，主要是指借助计算机对各类数据进行存储、管理以及操作，进而产生有价值的信息。计算机所处理的数据范畴十分广泛，除了数字、文字、符号等常见的文本形式，还涵盖图形、图像、声音、动画、视频等多种类型。例如，在企业运营中，企业管理依赖数据处理来分析财务数据、员工信息、市场动态等，以此辅助决策，提升运营效率。

（3）过程控制。

过程控制也被称为实时控制，指的是计算机按时采集检测数据，并依据检测结果对控制对象进行自动控制，以完成生产、制造或运行等任务。该应用广泛存在于农业和各类工业场景中。

（4）计算机辅助技术。

计算机辅助技术是以计算机为工具，帮助用户在特定领域完成任务的技术。常见的有计算机辅助设计（Computed Aided Design，CAD）、计算机辅助制造（Computer Aided Manufacturing，CAM）、计算机辅助教学，以及计算机辅助翻译（Computer Aided Translation，CAT）等。

（5）网络应用。

计算机网络实现了不同区域的数据传输与资源共享，是当下计算机技术极为重要的应用领域。如今，网络应用已渗透到人们生活、学习和工作的方方面面，例如校园网互联、信息浏览与检索、网络购物、电子邮件服务、在线会议、远程医疗服务等。

（6）人工智能。

人工智能（Artificial Intelligence，AI）利用计算机模拟人类的思维和智能，使计算机具备语言识别、文字认知、推理和适应环境等能力。该领域的研究方向主要包括机器人、语言识别、图像识别和专家系统等。

（7）嵌入式系统。

嵌入式系统是根据应用需求对软硬件模块进行灵活裁剪的专用计算机系统。像数字机床、GPS设备、手机、远程自动抄表系统、智能ATM终端等，都属于嵌入式系统的范畴。

2. 未来计算机的发展

未来计算机的发展将呈现多技术融合、多场景渗透的态势，核心突破集中在量子计算、光电子技术、生物计算等前沿领域，同时在能效优化、人机交互、网络架构等方向实现系统性革新。

量子计算正从实验室走向实用化。与传统计算机（基于二进制逻辑）不同，量子计算机利用量子比特（Qubit）作为基本信息单元，通过量子叠加、量子纠缠等特性实现计算能力的指数级突破。传统计算机的一比特只能分别表示0或1，而量子比特可同时处于0和1的叠加态，多个量子比特的纠缠效应能让量子计算机并行处理海量计算任务。中国已推出105个量子比特的超导量子计算机“祖冲之三号”，其处理量子随机线路采样问题的速度比传统超算快15个数量级。微软和AWS分别发布拓扑量子芯片Majorana1和纠错芯片Ocelot，推动量子计算向千比特级商用迈进。量子计算的优势不仅在于算力跃升，其低功耗特性（仅在测量时耗能）也将重塑数据中心能源结构。

光电子技术开启算力新纪元。光电子技术，是一门研究光与物质中电子的相互作用及其能量转化而形成的新技术，广泛涉及激光、通信、信息处理、图像处理、传感等多个领域，是未来信息产业的关键技术之一。光电子技术的核心在于控制和操纵光的行为，以实现电信号与光信号之间的转换。在2025年3月，曦智科技推出了光电混合计算卡“天枢”，其通过128×128光子矩阵，实现高达84EEOP的等效光算力，相较传统电芯片，能效提升5~10倍，在AI推理、自动驾驶等对算力和能耗要求严苛的场景中展现出显著优势。

生物计算突破传统架构。生物计算是指利用生物系统固有的信息处理机理而研究开发的一种新的计算模式。全球首台生物计算机CL1将于2025年下半年上市，其将人类干细胞培养的神经元与硅硬件结合，在药物研发、个性化医疗等领域展现潜力，单个机架能耗仅850W~1000W。尽管存在伦理争议，但生物计算的学习速度和能源效率已超越传统AI，预示着“合成生物智能”时代的到来。

网络与交互革命同步推进。6G标准化进程启动，2025年将开展系统组网试验，手机直连卫星技术覆盖全球中低纬度，华为MateX6等设备已支持卫星通信。在脑机接口领域，2025 年 3 月我国“北脑一号”半侵入式设备实现 128 通道信号采集，帮助瘫痪患者恢复运动功能。

这些技术的交叉融合将重塑计算机的形态与功能，从“量子—光子—生物”的多元算力架构，到“6G—卫星 - 边缘”的泛在网络，再到“脑机—AR”的沉浸式交互，未来计算机将成为连接物理世界与数字世界的核心枢纽，推动人类社会进入“智能 - 绿色 - 生物”协同进化的新纪元。

2.2 计算机系统

2.2.1 硬件系统

硬件系统是指构成计算机系统的实体和装置。冯 · 诺依曼提出的“存储程序”工作原理决定了计算机硬件系统都是由运算器、控制器、存储器、输入设备和输出设备五大部分组成。冯 · 诺依曼体系结构示意图如图 2-3 所示。

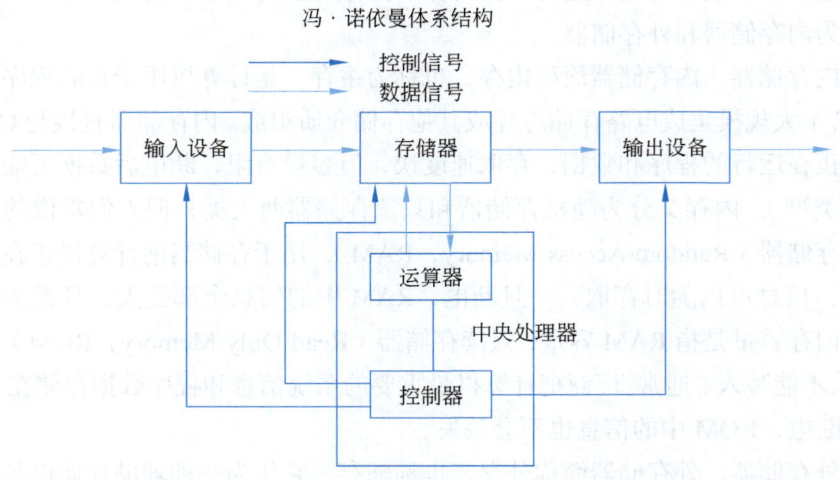

图 2-3 冯 · 诺依曼体系结构

1. 运算器

运算器又称算术逻辑单元（Arithmetic Logic Unit，ALU），是计算机对数据进行加工处理的部件，它的主要功能是对二进制数进行加、减、乘、除等算术运算和与、或、非等基本逻辑运算，实现逻辑判断。运算器在控制器的控制下实现其功能，运算结果由控制器指挥送到内存储器中。

2. 控制器

控制器是计算机的神经中枢和指挥中心，它的基本功能是依次从存储器中取出指令、翻译指令、分析指令、向其他部件发出控制信号，控制计算机各部件协调工作，使得整个计算机有条不紊地工作。控制器由程序计数器（Program Counter，PC）、指令寄存器（Instruction Register，IR）、指令译码器（Instruction Decoder，ID），时序控制电路和微操作控制电路组成。

（1）PC：用来对程序中的指令进行计数，使控制器能够依次读取指令。

（2）IR：在指令执行期间暂时保存正在执行的指令。

（3）ID：用来识别指令的功能，分析指令的操作要求。

（4）时序控制电路：用来生成时序信号，以协调在指令执行周期各部件的工作。

（5）微操作控制电路：用来产生各种控制操作命令。

运算器和控制器统称为中央处理器（Central Processing Unit，CPU），CPU 习惯上也称为微处理器（Microprocessor）。

3. 存储器

存储器（Memory）是计算机的核心组件之一，用于存储程序和数据。计算机运行时的所有信息，包括输入数据、程序指令、中间运算结果和最终输出结果，都保存在存储器中。它按照控制器的指令进行数据的存取操作，是计算机实现信息处理的关键部分。存储器分为内存储器和外存储器。

（1）内存储器。内存储器简称内存，也称为主存，是计算机用于存储程序和数据的装置，由若干大规模集成电路存储芯片或其他存储介质组成。内存储器直接与 CPU 交互，存储当前正在运行的程序和数据，存取速度快，但容量有限，断电后数据可能丢失（取决于存储类型）。内存又分为随机存储器和只读存储器两大类，但人们常说的内存往往是指随机存储器（Random Access Memory，RAM），用于存储当前计算机正在使用的程序和数据，信息可以随时存取，一旦断电，RAM 中的信息全部丢失，且无法挽救，通常所说的内存容量是指 RAM 容量；只读存储器（Read Only Memory，ROM）中的信息只能读出，不能写入。通常，厂商把计算机最重要的系统信息和程序数据存储在 ROM 中，即使机器断电，ROM 中的信息也不会丢失。

（2）外存储器。外存储器简称外存，也称辅存，它作为一种辅助存储设备，存储不常用的程序和数据，需要时再调入内存使用。具有存储容量大，存取速度较慢，断电后数据不会丢失的特点。常见类型包括硬盘（HDD/SSD）、光盘（CD/DVD）、U 盘、移动硬盘等。存储器的分类如图 2-4 所示。

4. 输入设备

输入设备（Input Device）作为计算机与用户或其他设备之间进行信息交互的关键桥梁，承担着将程序和数据传输至计算机内部的重要职责。它主要由输入装置和输入接口两部分构成。常见的输入装置有键盘、鼠标、摄像头、扫描仪、光笔、手写输入板、游戏杆、语音输入装置等。

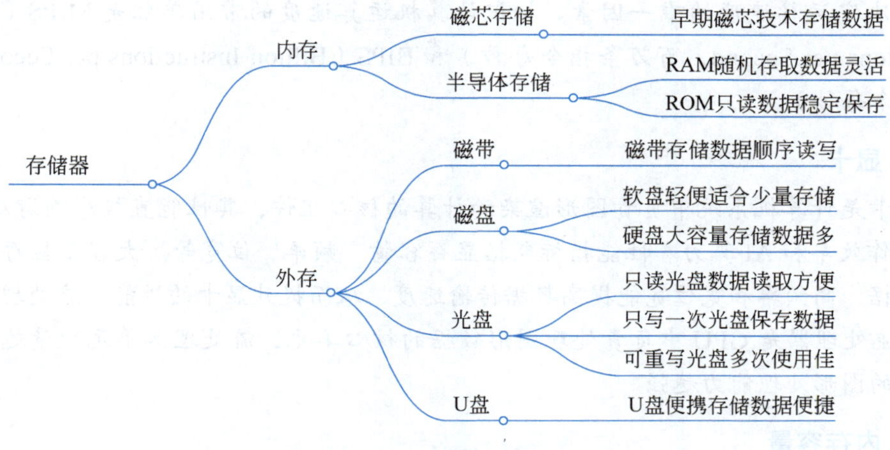

图 2-4 存储器的分类

5. 输出设备

输出设备（Output Device）属于计算机的终端部件，其主要功能是把计算机处理后的工作结果，以数字、字符、图表、音视频等多样化的形式呈现给用户。输出设备由输出接口电路和输出装置组成。常见的输出装置有显示器、打印机、绘图仪、音箱、D/A 转换器等。

运算器、存储器、控制器、输入设备和输出设备这五大部件共同构成了计算机的硬件系统（简称硬件），它们是计算机得以正常工作的基础。这五大部件之间必须通过特定的方式连接起来，形成一个有机的整体，才能构建出完整的计算机硬件系统，确保计算机能够顺利完成各种复杂的任务。

微机性能的主要技术指标

微机系统的主要技术指标如下。

1. 字长

字长是以二进制位为单位，是 CPU 能够一次并行处理的二进制的位数，它决定了计算机一次数据传输的吞吐能力。通常，字长越长，运算精度越高，处理速度越快。

2. 主频

主频是指计算机的时钟频率，它是 CPU 在单位时间（秒）内平均要“动作”的次数。由于 CPU 和计算机内部的逻辑电路均以时钟脉冲作为同步信号触发电子器件工作，所以主频在很大程度上决定了计算机的工作速度。主频以 MHz 或 GHz 为单位。

3. 运算速度

运算速度一般用每秒能执行多少条指令来表示，主频越高，速度越快，但主频并不是决定运算速度的唯一因素。标识计算机运算速度的常用单位是MIPS（Million Instructions per Second，百万条指令每秒）和BIPS（Billion Instructions per Second，十亿条指令每秒）。

4. 显卡

显卡是计算机系统中负责图形渲染和计算的核心组件，其性能直接影响游戏体验、专业创作效率和AI算力。性能指标包括显存容量、频率、位宽等。大容量显存可存储更多数据，高频率和宽位宽能提高数据传输速度，从而提升显卡的性能。流处理器单元数量：流处理器是GPU中负责处理图形数据的核心单元，流处理器单元数量越多，通常显卡的图形处理能力越强。

5. 内存容量

内存大小反映了内存储器存储数据的能力。内存容量越大，计算机整体运算速度就越快，即时处理数据的规模就越大。很多软件运行需要足够大的内存空间。目前，市场上主流的个人微机内存容量一般为8GB、16GB，或更高。

6. 外设配置

外设是指计算机的输入输出设备以及外存，如键盘、显示器、打印机、磁盘驱动器等。有些外设成本甚至高于主机。现在的计算机通常应配备较大容量的软、硬盘，特别是硬盘，容量一般选320GB以上为宜。

7. 软件配置

软件配置包括操作系统、计算机语言处理程序、数据库管理系统、通信网络软件、办公处理软件及其他应用软件等。只有选定好的软件才能最大限度发挥硬件的性能和潜力。

2.2.2 软件系统

软件系统是由各类程序、数据以及文档共同构成的集合体。依据其用途的差异，可划分为系统软件和应用软件这两大类。计算机软件在用户与硬件之间起着关键的桥梁作用，借助软件，用户得以对计算机硬件进行操作与管理。

1. 系统软件

系统软件是计算机最基本的软件，承担着调度、监控和维护计算机系统的重要职责，它能够协调计算机中的各个硬件协同工作，同时为应用软件开发和运行提供支持。系统软件主要涵盖操作系统、程序设计语言和语言处理程序、数据库管理系统以及各种服务程序等。

（1）操作系统。

操作系统是计算机软件中最为关键和基础的系统软件，它就像是计算机系统的“大管家”，负责管理计算机中所有正在运行的程序，调配整个计算机的资源，是连接计算机裸机与应用程序以及用户的桥梁，处于软件体系的最底层。如果没有操作系统，用户将无法使用其他任何软件或程序。目前，常见的操作系统有 Windows、UNIX、Linux、mac OS 等。

（2）程序设计语言和语言处理程序。

程序设计语言是用于书写计算机程序的语言，是人与计算机之间进行通信的工具，由一组符号、词汇和语法规则组成，分为机器语言、汇编语言、高级语言。语言处理程序是将程序设计语言编写的源程序转化为计算机能够执行的机器语言程序的软件工具，主要分为编译、解释、汇编。

机器语言：机器语言完全由二进制代码 0 和 1 组成，是计算机硬件系统能够直接识别并执行的唯一语言。这使得机器语言在处理和执行速度上具备天然的优势，效率极高。然而，不同类型的 CPU 有着各自不同的指令系统，这导致编写机器语言程序难度极大，代码晦涩难懂，编程效率极为低下。而且，机器语言程序高度依赖特定的计算机硬件，可移植性很差，在一台机器上编写的程序很难在其他不同架构的机器上运行。

汇编语言：为了降低编程难度，方便记忆和书写，人们采用英文单词或缩写作为助记符来编写程序，由此产生了汇编语言。汇编语言的指令与机器语言指令存在一一对应的关系，在一定程度上改善了程序的可读性。不过，汇编语言并不能被计算机直接识别，必须借助汇编语言编译器将汇编指令转换为机器语言，才能在计算机中执行。与机器语言相比，汇编语言的处理效率和执行速度都要低一些。由于汇编语言本质上是机器语言的符号化表达，与特定机器紧密相关，所以它仍然属于面向机器的低级语言，可移植性同样较差。

高级语言：高级语言与人类的自然语言最为接近，人们可以参照数学语言的方式，以更易于理解的形式来设计和编写程序，并且高级语言不依赖于特定的计算机硬件系统。因此，高级语言具有易学易读、编程效率高以及程序可移植性强等显著优点。但使用高级编程语言编写的程序，同样需要转换为计算机能够识别的二进制数才能执行。通常有编译和解释这两种转换方式。

编译：编译是利用编译程序将源程序转化为机器指令形式的目标程序，然后再通过链接程序将目标程序链接成可执行程序，最终才能运行。编译后的可执行程序具有较好的保密性，不能随意修改，并且多次执行时无须重新编译，执行效率较高。例如，C、C++、Pascal 等都属于编译型高级语言。

解释：解释则是通过解释器读取源程序，按照源程序的动态逻辑顺序逐句进行分析并翻译成机器指令，解释一句就立即执行一句，不会生成目标程序。如果在解释过程中发现错误，就会显示出错信息并停止解释和执行；若没有错误，则会一直解释并执行到程序结束。解释型语言的优势在于可移植性良好，能够在不同的操作系统上运行，但缺点是程序每执行一次都需要重新翻译一次，运行效率相对较低。例如，Python、JavaScript、Matlab 等都属于解释型高级语言。

（3）数据库管理系统。

数据库是存储在一起的相互有联系的数据的集合，它能被多个用户、多个应用程序共享。创建数据库时有一定的规则：具有最小的冗余度，数据之间联系密切，且独立于程序之外。

数据库管理系统是对数据库进行组织、管理、查询并提供强大处理功能的计算机软件。它为用户提供了一套数据描述和操作语言，用户只需使用这些语言，就可以方便地建立数据库，并对数据进行存储、修改、增加、删除、查找。Oracle、DB2、Sybase、Informix、SQL Sever、MySQL 是目前世界上流行的大、中型数据库管理系统，微机上广泛使用 Access 小型数据库管理系统。

（4）服务程序。

服务程序包括协助用户进行软件开发或硬件维护的软件，如编辑程序、连接装配程序、纠错程序、诊断程序和防病毒程序等。

2. 应用软件

应用软件是为了满足不同领域、不同实际问题的应用需求而专门设计开发的软件。它能够拓展计算机系统的应用范围，进一步挖掘和发挥硬件的功能。常见的应用软件丰富多样，例如，办公系列软件，包括 Microsoft Office、WPS Office 等，方便人们进行文档处理、表格制作和演示文稿设计；多媒体处理软件，包括 Photoshop 用于图像处理、Flash 制作动画、3ds Max 进行三维建模与动画制作；社交软件，包括 QQ、微信等，方便人们进行社交沟通；还有保障计算机安全的杀毒软件等。

2.3 计算机网络和 Internet

2.3.1 计算机网络基础

1. 计算机网络的定义

计算机网络是指将地理位置不同的具有独立功能的多个计算机系统，通过通信设备和通信线路相互连接，在网络软件的管理下实现数据通信、资源共享、分布式处理的系统，是计算机技术和通信技术结合的产物。

2. 计算机网络的功能

（1）信息交换。

作为计算机网络最基础的功能，信息交换旨在达成网络中各个节点之间的系统通信。

在实际应用中，用户能够通过网络传送电子邮件、发布新闻资讯、开展电子购物与电子贸易活动，还能参与远程电子教育等。

（2）资源共享。

所谓的资源是指构成系统的所有要素，包括软、硬件资源，例如，计算处理能力、大容量磁盘、高速打印机、绘图仪、通信线路、数据库、文件和其他计算机上的有关信息。由于受经济和其他因素的制约，并非所有用户都能独立拥有这些资源，所以网络上的计算机不仅可以使用自身的资源，也可以共享网络上的资源。从而增强了网络上计算机的处理能力，提高了计算机软硬件的利用率。

（3）分布式处理。

当面临一项复杂任务时，可以将其拆解为多个部分，由网络内的各计算机协同并行处理相关部分，这种方式能显著提升整个系统的性能。

（4）系统高可靠性。

在计算机网络中，计算机之间相互协作、互为备份。通过采用备份设备、负载调度以及数据容错等技术，当网络的某一部分出现故障时，其他部分能够自动接管其任务。相较于单机系统，计算机网络的可靠性得到了极大提高。

3. 计算机网络的分类

计算机网络可以依据不同的标准进行分类，下面介绍三种常见的分类方法。

（1）按网络覆盖的地理范围分类。

根据地理覆盖范围大小，计算机网络可分为局域网、城域网和广域网。

局域网（Local Area Network，LAN）：这是最为常见且应用广泛的网络类型，其覆盖的地理范围较小，一般在数米至数十千米之间，例如一栋建筑物、一所学校或一个社区所构建的网络。

城域网（Metropolitan Area Network，MAN）：城域网的地理覆盖范围通常为几十千米，它主要是将同一城市中不同地点的局域网连接起来所形成的网络。

广域网（Wide Area Network，WAN）：也叫作远程网，广域网能够连接不同的局域网或城域网，其地理范围跨度极大，从几十千米到几千千米不等，甚至可以覆盖一个国家、横跨多个洲，乃至实现全球连接，因特网就是广域网的典型代表。

（2）按传输技术分类。

依据网络所采用的传输技术，计算机网络可分为广播式网络和点到点网络。

广播式网络：在广播式网络（Broadcast Network）中，所有站点共享一条通信信道。传输信息时，任何一个站点都能发送数据分组，这些数据分组会被其他所有站点接收。各站点会根据数据包中的目的地址进行判断，若地址匹配则接收，否则丢弃。总线状以太网就是典型的广播式网络。

点到点网络：与广播式网络不同，点到点网络中每对计算机之间都设有一条专用的通信信道，不存在信道共享与复用的情况。当一台计算机发送数据分组后，它会依据目的地址，通过一系列中间设备的转发，直接将数据送达目的端站点。这种采用点到点传输技术的网络，即为点到点网络。

（3）按网络拓扑结构分类：计算机网络拓扑结构是从逻辑层面将计算机网络中的节点和连接节点的线路抽象为点和线，运用几何关系来描述计算机、网络设备与传输媒介之间的连接结构。常见的网络拓扑结构包括总线型拓扑、星型拓扑、环型拓扑、树型拓扑和网状拓扑等，具体可参考图 2-5 所示。

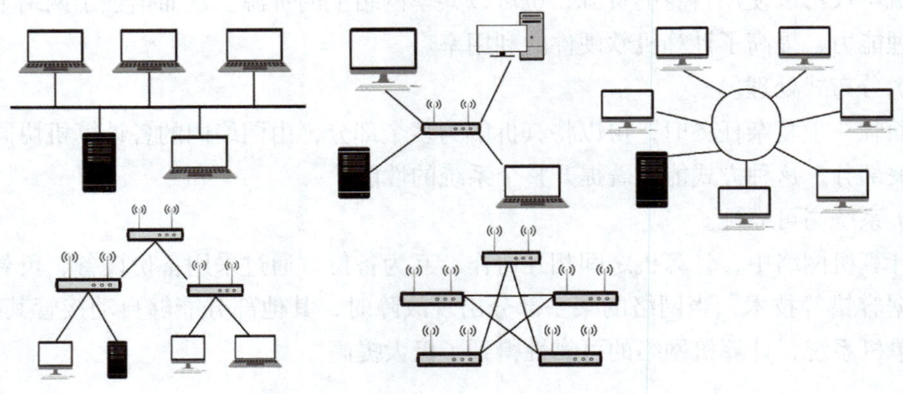

图 2-5　计算机网络拓扑结构图

2.3.2　因特网的基础与应用

因特网（Internet）又称国际互联网，起源于 20 世纪 60 年代的阿帕网（ARPANET），它将全世界各个国家和地区的百万个计算机网络、数亿台计算机连接起来，是目前全球规模最大、信息资源最丰富的计算机网络。

1. 因特网采用的协议

在网络互联过程中为了实现数据交换而制定的规则、标准和约定的集合，称为网络协议。在因特网中，计算机通信必须共同遵守的协议为 TCP/IP（Transmission Control Protocol/Internet Protocol，传输控制协议 / 网际协议）。TCP/IP 是一个协议簇，包括 HTTP、FTP、Telnet、SMTP、TCP、IP 等多种协议。其中，TCP 和 IP 最具代表性。

（1）超文本传输协议（Hyper Text Transmission Protocol，HTTP）：万维网（World Wide Web，WWW）服务器和客户端浏览器之间传输超文本数据的协议。

（2）文件传输协议（File Transfer Protocol，FTP）：用于互联网中进行文件传输的协议，提高文件的共享性。

（3）远程登录协议（Tenet）：用于本地主机登录、连接和控制远程主机的协议，提供在本地主机上完成远程主机工作的能力。

（4）简单邮件传输协议（Simple Mail Transfer Protocol，SMTP）：用于发送电子邮件

的传输协议。相应地，用于接收电子邮件的协议为 POP3（Post Office Protocol-version3）协议，也称为邮局协议版本 3。

（5）传输控制协议（Transmission Control Protocol，TCP）：用于在因特网中提供面向连接的、可靠的、基于字节流的通信协议，确保传输数据的完整性和可靠性。

（6）网际协议（Internet Protocol，IP）：通过 IP 寻址和路由选择，将 IP 信息包从源设备传送到目的设备的通信协议。

2. IP 地址

因特网中的每个节点（计算机、路由器等）都有一个唯一的逻辑地址标识—IP 地址（Internet Protocol Address，互联网协议地址，也称为网际协议地址），通过 IP 地址可以区分因特网中的不同节点，也可以对节点进行定位。

IP 地址的格式由网络号和主机号共同组成，是一个 32 位的二进制无符号数，国际通行一种“点分十进制表示法”：将 32 位地址按字节分为 4 段，高字节在前，每个字节用十进制表示出来，各字节之间用点号“.”隔开。由于 IP 地址每段是 8 位，因此每段的取值范围用十进制表示就是 0~255。例如，IP 地址 00110011.01111010.00001010.00001110 即 51.122.10.14。

（1）IPv4 地址的分类。

IP 地址分为 5 类：A 类、B 类、C 类、D 类、E 类，其中 A、B、C 三类是常用地址。IP 地址分类图如图 2-6 所示。

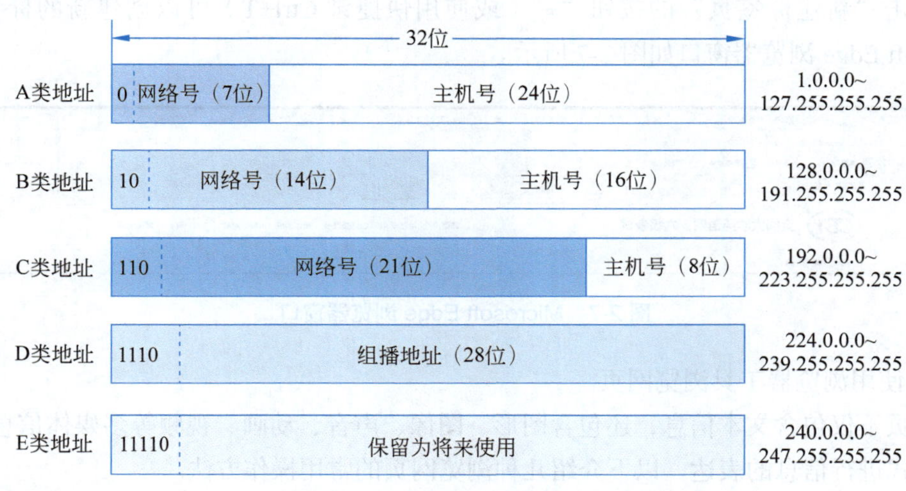

图 2-6 IP 地址分类图

（2）IPv6 简介。

IPv6（Internet Protocol version 6，互联网协议第 6 版）是下一代互联网协议，用于替代 IPv4，解决 IPv4 地址枯竭问题，并提供更高效、更安全的网络通信。IPv6 采用

128 位地址，可提供约 3.4×10^{38} 个地址，远超 IPv4 的 43 亿个地址，满足物联网、5G 等海量设备联网需求。具有地址空间更大、首部格式更灵活、支持即插即用的特点。

3. 因特网的常见应用

因特网提供的主要应用包括万维网服务、电子邮件收发服务、文件传输服务、远程登录服务、网络新闻服务等，下面主要对万维网服务应用进行介绍。

（1）万维网服务。

万维网也称为环球信息网，即利用网页间的超链接将各个网站的网页链接成一张信息网，是因特网最常用的网络应用之一。

万维网使用 URL 来指明因特网上信息资源的位置，URL 是统一资源定位器（Uniform Resource Locator）的缩写，用于描述 Web 网页的地址和访问它所用的协议。

URL 的格式为“协议：//IP 地址或域名 / 路径 / 文件名”，例如，图 2-7 地址栏中所示的 https://cet.neea.edu.cn/html1/folder/16033/247-1.htm。

同一网页在不同内核浏览器里的显示效果可能不同，浏览器是需要安装的、用于浏览万维网的客户端软件，例如，Microsoft Edge、谷歌、360、火狐、QQ、世界之窗等，下面介绍 Microsoft Edge 浏览器的常用操作方法。

① 在地址栏输入 URL 或搜索关键字打开网页。

打开 Microsoft Edge 浏览器，在新建标签页（又称选项卡）的地址栏中输入 URL 或输入搜索关键字后，按下 Enter 键，即可访问指定网页或获得来自 Web 的搜索结果。单击“新建标签页”的按钮“+”（或使用快捷键 Ctrl+T）可以创建新的标签页，Microsoft Edge 浏览器窗口如图 2-7 所示。

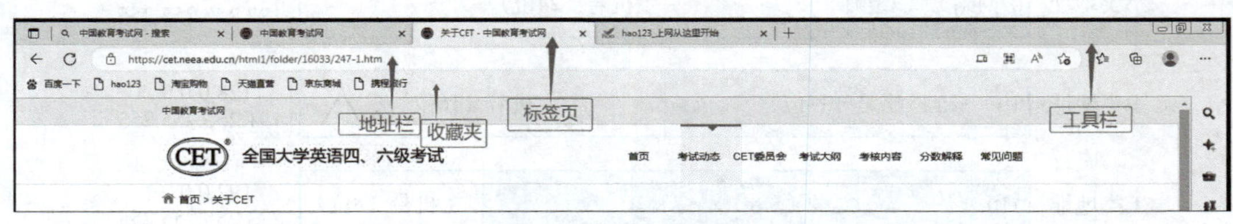

图 2-7　Microsoft Edge 浏览器窗口

② 使用浏览器工具浏览网页。

网页不仅包含文本信息，还包含图形、图像、声音、动画、视频等多媒体信息，以多种形式进行信息的表达。以下介绍几种浏览网页的常用操作方法。

a. 单击超链接对象实现网页跳转。

各 Web 站点默认打开的页面被称为首页或主页，主要呈现该网站的服务项目和特点，与其他网页一样具有超链接对象，单击任意超链接对象可实现网页的跳转。

b. 使用工具栏左边的操作按钮浏览网页。

“单击返回”按钮“←”：单击该按钮，可以返回并跳转到已浏览过的网页，实现历史网页的后退。若单击右侧出现的“单击以继续”按钮“→”,则可以实现历史网页的前进。

“刷新”按钮 ↻:单击该按钮,可以重新加载当前页面,更新网页内容。

c. 通过查看历史记录浏览网页。

单击工具栏最右侧的“设置及其他”按钮…,在下拉列表中选择“历史记录”命令(快捷键“Ctrl+H”),在打开的“历史记录”列表面板中,单击任意的网页浏览历史记录,即可再次打开相关网页。

③ 对网页进行收藏及管理。

对经常访问的网页可以使用收藏夹进行按类收藏及管理。如果要多次浏览已收藏的网页,不需要在地址栏中重新输入URL,只要在收藏夹栏中的相应位置单击,即可在当前标签页中打开该网页,提高浏览网页的效率。

a. 收藏网页:单击地址栏内右侧的“将此页面添加到收藏夹”(快捷键 Ctrl+D)打开“已添加到收藏夹”面板(此时☆按钮变为★),在“名称”框中为网页指定对应的名字,在“文件夹”下拉列表中选择收藏的位置,单击“更多”按钮可以进入“编辑收藏夹”面板进行收藏夹的选择和新建等操作,单击“完成”按钮可以完成当前收藏操作,单击“删除”按钮则取消当前收藏操作,单击“完成”按钮完成收藏操作。

收藏夹中保存的是网页地址,即在“编辑收藏夹”面板中可以查看其URL,如图2-8所示。

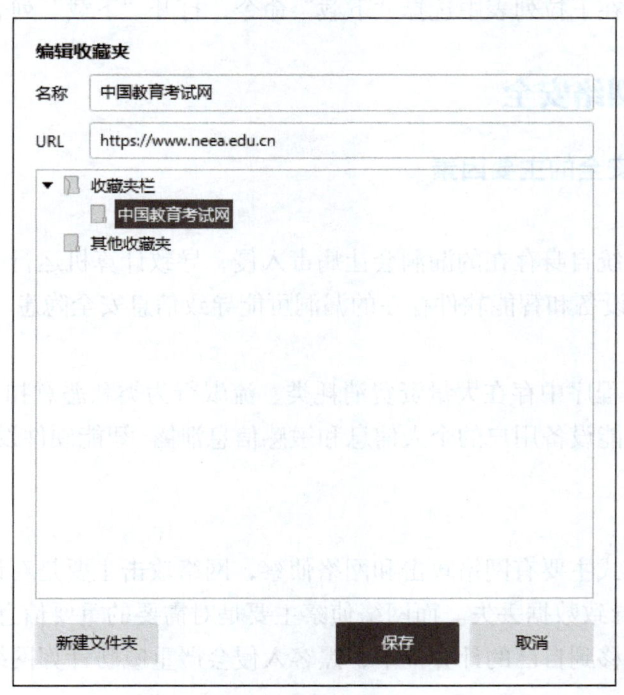

图 2-8 网页收藏夹

b. 管理网页：在工具栏中，单击“设置及其他”按钮…，在下拉列表中选择“收藏夹”命令，也可以单击“收藏夹”按钮，或者使用快捷键 Ctrl+Shift+0。在打开的“收藏夹”列表面板中可以执行展开 / 折叠收藏夹内容、搜索收藏夹中的网页名称、拖动列表选项以调整列表顺序、右击列表选项以打开 / 剪切 / 重命名 / 删除等操作，单击“收藏夹”列表面板中的“更多选项”按钮…，在下拉列表中选择“打开收藏夹页面”命令，可在新的标签页中以树状方式显示收藏夹，便于对收藏夹中的内容进行整理。

④ 将网页内容保存到本地。

对于喜欢的网页，可以将其保存为本地文件实现脱机浏览，也可以仅对网页中的图片等对象单独进行保存。

a. 保存 Web 页面：单击“设置及其他”按钮…，在下拉列表中选择“更多工具”下的“将页面另存为”命令，打开“另存为”对话框，可以按以下三种方式保存网页：“网页，仅 HTML（*.html；*.htm）”“网页，单个文件（*.mht）”“网页、完成（*.htm；*.html）”。

b. 保存图片：右击图片，在快捷菜单中可以选择复制图片到剪贴板，或者将图片保存为文件。

c. 下载网页中的视频等文件。

在网页中单击提供文件下载的超链接（鼠标指向该下载链接时，状态栏中会显示该文件所在的位置），则可以下载文件，下载进度及对下载文件的操作可以通过单击“设置及其他”按钮，在下拉列表中选择“下载”命令，打开“下载”列表面板查看。

2.3.3 计算机网络安全

1. 影响网络安全的主要因素

（1）安全漏洞。

计算机操作系统自身存在的漏洞会让病毒入侵，导致计算机运行瘫痪或用户资料泄露；网络中的智能设备和智能软件存在的漏洞可能导致信息安全隐患。

（2）恶意程序。

移动终端应用程序中存在大量资费消耗类、流氓行为类和恶意扣费类程序；智能设备恶意程序造成智能设备用户的个人信息和敏感信息泄露、智能硬件设备受到远程控制、攻击等破坏。

（3）黑客入侵。

黑客入侵的方式主要有网络攻击和网络侦察，网络攻击主要是对计算机的重要数据进行篡改或破坏，导致数据丢失。而网络侦察主要是对需要的重要信息或数据进行拦截，将这些重要信息转移到自己的计算机中，黑客入侵会严重威胁计算网络安全。

（4）人为因素。

由于网络操作或管理人员的安全配置不当、安全意识不强或者口令的选择不慎，给网络安全带来威胁或隐患。

以下是一些最近的计算机网络安全案例。

简阳非法控制计算机信息系统案：2021 年，成都市公安局网安部门发现有人入侵“某省财经网”等 24 个网站，发动黑客攻击 500 余次，并在部分网站安装木马。2023 年 3 月，黑客利用供应链攻击，通过第三方服务商的远程访问权限入侵美国医疗保险公司第三方服务商内部系统，导致 230 万患者数据泄露，包括姓名、社保号、诊断记录等。2025 年 4 月 3 日，国家计算机病毒应急处理中心计算机病毒防治技术国家工程实验室发布“2025 年哈尔滨第九届亚冬会”赛事信息系统及黑龙江省内关键信息基础设施遭境外网络攻击情况监测分析报告。报告称，自 2025 年 1 月 26 日至 2 月 14 日期间，亚冬会赛事信息系统遭到来自境外的网络攻击 270167 次，如图 2-9 所示。江西赣州某企业被植入挖矿病毒。

图 2-9 亚冬会赛事信息系统遭到网络攻击

2025 年 2 月，江西赣州公安网安部门发现辖区内某企业业务系统存在高危漏洞，公网 IP 主机被植入挖矿病毒并被不法分子远程控制。

2. 计算机网络安全技术

计算机网络安全技术就是指利用网络管理控制和技术措施，在网络环境里保护网络系统的硬件、软件及其系统中数据的机密性、完整性及可用性。这就需要网络系统软件、应用软件、数据库系统具有一定的安全保护功能，保证网络部件只能被所授权的人访问，避免出现“后门”、病毒、非法存取、拒绝服务、网络资源非法占用和非法控制等威胁，制止和防御黑客的攻击。

网络安全技术从理论上可分为攻击技术和防御技术。攻击技术包括网络监听、网络扫描、网络入侵、网络后门等；防御技术包括加密技术、防火墙技术、入侵检测技术、虚拟专网技术和网络安全协议等。

3. 防火墙

防火墙是指设置在被保护网络和外部网络之间的一道屏障，实现网络的安全保护，以防止发生不可预测的、潜在破坏性的侵入。防火墙本身具有较强的抗攻击能力，它是提供信息安全服务、实现网络和信息安全的基础设施。

通常，防火墙就是位于内部网或 Web 站点与因特网之间的一个路由器或一台计算机。其目的如同一个安全门，为门内的部门提供安全，控制那些可被允许出入、该受保护环境的人或物。

防火墙的功能：①监控和审计网络的存取和访问，过滤进出网络的数据，管理进出网络的访问行为；②部署于网络边界，兼备提供网络地址翻译（NAT）、虚拟专用网（VPN）等功能；③防病毒、入侵检测、认证、加密、远程管理、代理；④深度检测对某些协议进行相关控制。

2.4 人工智能技术基础

2.4.1 人工智能概述与发展

1. 人工智能概述

人工智能（Artificial Intelligence，AI）是模拟人类智能行为与思维的技术集合，它通过学习、推理与自我优化来执行任务。在人工智能的发展历程中，智能形态的分类与演进是一个核心议题。过去，人们普遍将人工智能的智能形态划分为三个层次：计算智能、感知智能和认知智能。这三个层次不仅代表了人工智能发展的不同阶段，也体现了从低级到高级、从简单到复杂的递进关系。

1997 年，IBM“深蓝”计算机击败国际象棋世界冠军加里·卡斯帕罗夫（Garry Kasparov），这不仅是人类与机器智慧碰撞的里程碑，更是人工智能发展史上的重要突破。IBM“深蓝”计算机的核心技术基于“暴力穷举”与“极小极大算法”的结合，通过计算所有可能的棋步并评估其优劣，从而在对手的回应下制定出最优策略。这一技术突破不仅展现了计算机在复杂策略游戏中的卓越能力，也标志着人工智能在决策制定程序方面迈出了重要一步。IBM“深蓝”计算机与卡斯帕罗夫的对弈在全球范围内引起了巨大轰动。这一事件不仅提升了人工智能的知名度和影响力，更激发了公众对人工智能未来发展的广泛关注和期待。人们开始意识到，人工智能技术在某些领域已经具备了与人类智慧相媲美的能力，这引发了关于人工智能与人类关系、伦理道德等方面的深入讨论。

IBM“深蓝”计算机的成功为计算机棋类程序的发展奠定了坚实基础。随着技术的不断进步，人工智能在棋类比赛中的表现愈发出色。例如，后来的 AlphaGo 在围棋这一更为复杂的策略游戏中战胜了人类世界冠军，进一步证明了人工智能在决策制定和策略规划方面的强大实力。这些成就不仅推动了人工智能技术的快速发展，也为人工智能在更多领域的应用提供了可能。随着技术的不断进步和应用领域的不断拓展，人工智能必将在未来发挥更加重要的作用，为人类社会的发展和进步贡献更多智慧和力量。

然而，计算智能仅仅是人工智能发展的初级阶段。随着技术的不断进步，人们开始探索更高层次的智能形态——感知智能。感知智能是人工智能的中间层次，它赋予机器视觉、听觉、触觉等感知能力，使机器能够与外部世界进行交互。作为人工智能领域的一个重要分支，感知人工智能改变了人类与机器的交互方式，提升了机器对外部世界的理解和适应能力。

在视觉感知方面，感知智能取得了显著的进展。自动驾驶汽车通过激光雷达、摄像进行理解和思考。未来，随着技术的不断进步和创新，我们有理由相信，人工智能将会迎来更加广阔的发展前景和更加深入的应用领域。

目前，一般将人工智能分为三个层次：弱人工智能、强人工智能、超人工智能。弱人工智能能够通过机器学习算法和大量数据训练，在特定任务上达到甚至超越人类水平，例如语音识别、图像识别、下棋等。强人工智能具有高度的灵活性和适应性，能够处理各种复杂的问题，不仅能执行特定任务，还能理解任务背后的逻辑和意义，具备抽象思维、创造力和解决全新问题的能力。超人工智能可能具有自我改进和自我进化的能力，能够以极快的速度学习和创新，其思维方式和决策过程可能超出人类的理解范围，对世界的认知和处理信息的能力也将达到难以想象的高度。目前，大部分研究还处于弱人工智能阶段，强人工智能大体处于起步和早期发展阶段。

2. 人工智能的发展

人工智能的发展历程曲折起伏，大致可分为以下几个阶段。

起步发展期（1956 年—20 世纪 60 年代初）：1956 年，“人工智能”概念提出后，机器定理证明、跳棋程序等成果掀起发展的第一个高潮。

反思发展期（20 世纪 60 年代—70 年代初）：人们对人工智能期望过高，尝试的一些任务失败，使发展走入低谷。

应用发展期（20 世纪 70 年代初—80 年代中）：专家系统模拟人类专家知识解决特定领域问题，推动人工智能走向应用，迎来新高潮。

低迷发展期（20 世纪 80 年代中—90 年代中）：专家系统的问题逐渐暴露，人工智能发展再次陷入低迷。

稳步发展期（20 世纪 90 年代中 ~2010 年）：网络技术发展加速人工智能创新研究，如 IBM 深蓝超级计算机战胜国际象棋世界冠军，推动其走向实用化。

蓬勃发展期（2011 年至今）：大数据、云计算等技术推动以深度神经网络为代表的人工智能技术飞速发展，在图像分类、语音识别等多个领域实现突破，迎来爆发式增长。

如今，人工智能在多模态融合与推理能力等方面不断取得突破。2025 年被认为是 AI 智能体的元年，其从“增强知识”向“增强执行”转变，具备自主决策与任务执行能力。同时，小模型凭借高效和精准的优势，引领“精简但强大”的新风潮，而生成式搜索则颠覆传统的信息获取模式。未来，人工智能将在更多领域得到应用，与其他技术结合形成新的应用场景和解决方案，为经济社会发展带来新的动能。不过，其发展也面临数据安全、伦理道德等诸多挑战，需要行业内外共同努力解决。

2.4.2 人工智能的核心技术

人工智能的核心技术包含自然语言处理、计算机视觉、语音处理、智能芯片技术、脑机接口（Brain-Computer Interface，BCI）技术、跨媒体分析技术、智适应学习技术、群体智能技术和自主无人系统等，是一个综合性的体系，涵盖了从数据处理到知识推理、从模式识别到决策制定的多个层面。这些技术共同构建了人工智能系统的智能基础，使机器能够模拟、延伸甚至在某些方面超越人类的智能。人工智能的核心技术通过学习和优化算法，从海量数据中提取有价值的信息和规律，实现了对复杂问题的智能解决。这些技术不仅提高了数据处理的效率和准确性，还推动了自然语言理解、图像识别、语音识别等领域的突破性进展。它们使机器能够理解和响应人类的语言和行为，从而实现更加自然和智能的人机交互。

1. 自然语言处理

自然语言处理（Natural Language Processing，NLP）是计算机科学、人工智能和语言学的一个跨学科领域，其核心在于研究如何使计算机能够理解和处理人类自然语言。NLP 致力于提高人与计算机之间通过自然语言进行有效沟通的能力，涉及对自然语言的理解、解释、生成和转换等多个方面。NLP 的研究内容广泛，包括但不限于词法分析、句法分析、语义分析、篇章理解、自然语言生成、机器翻译、语音识别、情感分析等。这些技术共同构成了 NLP 的核心体系，使计算机能够处理和分析大量的自然语言数据，从而实现与人类的自然交互。NLP 的发展历程可以追溯到 20 世纪中期以来的人工智能研究。早期的研究主要集中在规则和语法分析上，通过预定义的语法规则和词典来理解与生成语言。随着计算能力的提升和数据资源的丰富，NLP 研究逐渐转向基于统计的方法，进而发展到深度学习时代。如今，基于深度学习的 NLP 技术已成为主流，如卷积神经网络（Convolutional Neural Network，CNN）、循环神经网络（Recurrent Neural Network，RNN）和基于 Transformer 的模型（如 BERT、GPT 等）等，在多个 NLP 任务上取得了突破性进展。机器翻译是 NLP 领域的一项重要技术，旨在实现不同语言之间的自动翻译。传统的机器翻译方法主要包括基于规则的翻译和基于统计的翻译。然而，这些方法在翻译质量和流畅性方面存在较大的局限性。随着深度学习技术的发展，神经机器翻译（Neural Machine Translation，NMT）应运而生。NMT 利用深度学习模型对源语言和目标语言进行编码和解码，得到了更高质量、更流畅的翻译结果。例如，谷歌的 Transformer 模型在机器翻译任务上取得了显著成效，其翻译结果更加准确、自然，且能够更好地保留原文的语义和风格。在具体应用中，机器翻译技术已被广泛应用于跨语言交流、文档翻译、网站本地化等领域。例如，谷歌翻译、微软必应翻译等在线翻译服务为用户提供了便捷、准确的跨语言翻译体验。

自然语言处理技术作为人工智能领域的重要分支，具有广泛的应用前景和巨大的发展潜力。通过不断的技术创新和优化，NLP 将在更多领域发挥重要作用，为人类带来更多的便利和价值。

2. 计算机视觉

计算机视觉作为人工智能的一个重要分支，旨在使计算机能够从图像或视频中提取有用的信息并理解视觉内容。它融合了图像处理、模式识别、机器学习、深度学习等多个领域的知识和技术，广泛应用于自动驾驶、医疗影像分析、人脸识别、智能监控、增强现实等领域。

计算机视觉的核心任务是从图像或视频数据中提取有用的信息，并对其进行理解和分析。这一领域的研究涵盖了从低层次的图像处理（如滤波、边缘检测等）到高层次的图像理解和解释（如图像分类、语义分割等）。随着深度学习技术的快速发展，特别是卷积神经网络的广泛应用，计算机视觉在多个任务上取得了显著的性能提升。

光学字符识别（Optical Character Recognition，OCR）技术作为较有代表性的视觉任务之一，能够将图像文件中的文字资料转化为电子文本，它广泛应用于数字化文档管理、自动化数据录入、智能识别等多个领域。OCR 技术的主要流程包括图像预处理、文本检测和文本识别。在图像预处理阶段，通常会对图像进行去噪、二值化、倾斜校正等操作，以提高后续文字识别的准确性。文本检测阶段则负责定位图像中的文字区域，这通常通过基于深度学习的方法实现，例如，使用卷积神经网络进行像素级别的分类。文本识别阶段是将检测到的文字区域转换为可编辑和可搜索的数字文本。这一阶段通常使用基于深度学习的序列识别模型，如循环神经网络或卷积循环神经网络（Convolutional Recurrent Neural Network，CRNN）。这些模型能够处理变长序列的输入，并输出对应的文本序列。OCR 技术的应用非常广泛，例如，在自动驾驶领域，OCR 技术可以用于识别路标和交通标志，为车辆提供导航和行驶指令；在医疗领域，OCR 技术可以用于病历记录的数字化和处方药品标签的自动识别，提高医疗服务的效率和准确性。

此外，视频语义理解任务是计算机视觉领域的新兴研究方向之一，旨在从视频中提取和理解语言信息，以便对视频进行理解和分析，包括识别和理解语音、文字、图像等多种语言信息。视频语义理解的核心任务包括语音识别、文本识别、语义分析和情感分析等。语音识别是将声音转换为文本的过程，通常使用基于深度学习的声学模型和语言模型进行联合建模。文本识别则是将视频中的图像文本转换为文本的过程，这通常依赖于 OCR 技术。语义分析是对文本进行语义理解的过程，包括词嵌入、句子嵌入、语义角色标注和依赖解析等任务。情感分析则是对文本进行情感倾向的判断，通常使用基于机器学习或深度学习的方法实现。视频语义理解的应用场景非常广泛，例如，在智能监控领域，视频语义理解可以用于异常检测、人员跟踪和事件识别等任务，提高公共安全和管理效率；在智能媒体领域，视频语义理解可以用于自动摘要、自动标题和自动翻译等任务，为用户提供更加便捷和智能的媒体服务。

计算机视觉技术作为人工智能的重要分支，在目标检测、目标跟踪、OCR 和视频语义理解等领域取得了显著进展。这些技术的应用不仅提高了工作效率和准确性，还为人们的生活带来了更多便利和智能化体验。

3. 语音处理

语音处理（Speech Processing）是人工智能的核心技术之一，专注于让机器能够理解、分析和生成人类语音信号。其核心目标在于实现人机之间高效、自然的语音交互，涵盖从原始声音信号中提取信息、识别语音内容、理解语义意图，到合成逼真语音的完整流程。

语音处理的核心任务包括语音识别（Automatic Speech Recognition，ASR）、语音合成（Text-to-Speech，TTS）、说话人识别与验证（Speaker Recognition/Verification）、语音情感分析（Speech Emotion Recognition）、语音增强（Speech Enhancement）以及语音分离（Speech Separation）等。语音识别旨在将人类的语音信号转换为对应的文本信息，是语音理解的关键入口。语音合成则相反，将文本信息转换为听起来自然流畅的语音输出。说话人识别 / 验证用于识别或确认说话人的身份。语音情感分析则试图从语音的声学特征中识别说话人的情绪状态。语音增强和分离则致力于在嘈杂环境中提升语音质量或分离出特定说话人的声音。

语音处理技术的发展与深度学习紧密相连。早期的系统主要依赖隐马尔可夫模型（HMM）和高斯混合模型（GMM）。随着深度学习的兴起，深度神经网络（DNN）、循环神经网络（RNN）、长短时记忆网络（LSTM）、卷积神经网络（CNN）以及基于 Transformer 的模型被广泛应用于各个语音处理任务，极大地提升了性能。例如，端到端的语音识别模型（如 Listen、Attend and Spell、LAS 和基于 Transformer 的 ASR）直接学习从声学特征到文本的映射，简化了流程并提高了识别准确率。同样，基于深度学习的语音合成模型（如 Tacotron、WaveNet、Tacotron 2）能够生成高度自然、接近真人发音的语音。

语音处理技术的应用场景极其广泛且深入日常生活。智能语音助手（如小米公司的小爱同学、苹果公司的 Siri、谷歌公司的 Assistant、亚马逊公司的 Alexa、百度公司的小度等）是语音识别、自然语言理解和语音合成技术的集大成者，用户可通过语音命令控制设备、获取信息和服务。语音转写服务广泛应用于会议记录、法庭庭审、媒体字幕生成、教育笔记等领域，可以大幅提升工作效率。智能客服系统利用语音识别和理解技术提供自动化的电话或在线语音服务。语音生物识别（声纹识别）在金融安全（电话银行验证）、门禁系统和司法取证中发挥重要作用。车载语音系统为驾驶员提供免提导航、娱乐和信息查询功能，提升驾驶安全性和便利性。此外，在医疗领域，语音技术可用于辅助诊断（如分析声音特征判断疾病）、语音病历录入；在教育领域，用于语言学习、发音评测。

语音处理技术作为人机交互的重要桥梁，通过不断突破声学建模、语言建模和端到端学习等关键技术，持续提升着语音交互的自然度、准确性和鲁棒性，为人机共生时代的到来奠定了坚实基础。

4. 智能芯片技术

智能芯片技术作为支撑人工智能发展的关键技术之一，旨在满足日益增长的 AI 应用需求。其对于推动 AI 技术的广泛应用与持续发展具有深远意义，显著提升了 AI 系统的性能、能效及成本效益。智能芯片技术的核心特征涵盖专用架构设计、深度学习加速单元、低功耗设计理念、软硬件协同优化以及严格的安全与隐私保护机制。

专用架构设计是智能芯片技术的基石，通过定制化硬件架构，实现对AI算法的高效执行。以谷歌的TPU（Tensor Processing Unit）为例，其专为深度学习设计，通过矩阵乘法等核心运算的硬件加速，显著提升了AI模型的训练与推理速度。深度学习加速单元作为智能芯片的重要组成部分，进一步加速了数据处理与模型计算，为AI应用提供了强大的算力支持。

低功耗设计是智能芯片技术在移动设备与嵌入式系统中广泛应用的关键。通过优化电源管理、降低漏电流等技术手段，智能芯片在确保高性能的同时，实现了长时间的稳定运行。例如，Nvidia 的 Jetson Nano 开发者套件，集成了低功耗 GPU 与深度学习加速功能，为边缘计算与物联网应用提供了高效、节能的 AI 解决方案。

软硬件协同优化是提升智能芯片适应性与灵活性的重要途径。通过紧密耦合硬件与软件设计，实现了算法与硬件的深度融合，提升了AI系统的整体性能。同时，安全与隐私保护机制作为智能芯片不可或缺的一部分，通过加密技术、数据隔离等手段，为AI模型与数据提供了强有力的安全保障。

智能芯片技术以其专用架构设计、深度学习加速、低功耗设计、软硬件协同优化及安全与隐私保护等核心特征，为AI应用提供了高效、低能耗的硬件支持。随着AI技术的不断进步与应用需求的持续增长，智能芯片技术将持续迭代与创新，推动AI技术的普及与深入发展。

5. 脑机接口技术

脑机接口技术（Brain Computer Interface，BCI）通过直接与大脑神经元通信，为人类与计算机或外部设备的交互开辟了新途径。该技术将大脑的神经信号转换为控制指令，实现了直接从人脑获取信息并操控外部设备的功能，在人机交互、康复医学及神经科学研究等领域展现出重大的应用价值。

BCI技术的核心环节包括信号采集、处理与分析。该技术利用植入式或非植入式传感器精确捕捉大脑的电生理信号，例如脑电图（Electroencephalogram，EEG）、脑磁图（Magnetoencephalogram，MEG）及功能性磁共振成像（functional Magnetic Resonance Imaging，fMRI）数据。在信号预处理阶段，通过滤波、去噪等技术来提升信号质量。随后，特征提取与模式识别算法深入解析这些信号，识别与特定动作或意图相关联的神经活动模式。

在信号解码与分类阶段，BCI技术利用机器学习和模式识别技术，如支持向量机（Support Vector Machine，SVM）和卷积神经网络，将神经信号映射到具体的动作或控制命令上。这一过程要求算法具备高精度与强适应性，以应对不同个体及复杂场景下的神经信号特征差异。例如，埃隆·马斯克（Elon Musk）的 Neuralink 公司正致力于开发植入式BCI设备，旨在通过解码大脑信号，实现人与计算机的直接交互，为瘫痪患者提供恢复运动功能的可能。

BCI 技术在医疗康复领域展现出巨大潜力，为残障人士恢复运动能力、交流能力及自主生活带来了新希望。同时，该技术推动了智能设备的发展，如脑控轮椅和脑控助听器等，为残障人士提供了更加便捷的生活辅助工具。尽管目前 BCI 技术面临信号质量、信息传输速度及系统稳定性等挑战，但随着研究的深入与技术的迭代，这些问题有望逐步得到解决。

BCI 技术通过融合神经科学、计算机科学以及工程学等多个跨学科的知识，为人类开创了一种前所未有的交互模式。这一技术的不断发展，正在深刻地改变着科技与人们的日常生活。未来，随着技术的不断成熟与普及，BCI 技术有望在医疗康复、人机交互及智能设备控制等领域实现更广泛、高效与稳定的应用。

6. 跨媒体分析技术

跨媒体分析技术是 AI 的重要分支，旨在对跨越图像、视频、音频和文本等不同媒体类型的数据进行深度分析与处理。图像分析包括目标检测、图像分割和特征提取，广泛应用于医学影像、智能监控等领域。视频分析则关注视频目标检测、行为识别和内容理解，广泛服务于视频监控、智能交通等场景。音频分析涵盖语音识别、情感分析等技术，应用于语音助手和音乐推荐平台。文本分析则涉及自然语言处理、信息抽取和文本分类等，广泛用于搜索引擎、智能客服等领域。

跨媒体数据融合技术能够集成和关联不同类型的数据，提升分析的准确性与全面性，为跨媒体分析提供有力支持。基于此技术，跨媒体检索与推荐系统能够为用户提供精准、个性化的内容推荐，极大改善信息获取体验。跨媒体分析的发展推动了多媒体数据的集成与智能化应用，支撑了更加深入的内容理解与跨领域的协同创新。

7. 智适应学习技术

智适应学习技术是教育领域的一项创新，旨在根据学习者的个体差异提供定制化的学习体验。该技术通过全面建模学习者的个人特征、学习行为和偏好，结合历史数据和反馈信息，精准构建学习者模型。基于这些模型，智适应学习技术可以科学地组织学习内容，推荐学习者最适合的课程、教材和习题，确保他们接触到符合其需求的知识。在确定学习内容后，该技术可以进一步依据学习者的知识水平、目标和时间限制，规划个性化学习路径，优化知识图谱、教学大纲等资源，从而高效实现学习目标。

同时，智适应学习技术还能根据学习者的学习风格、认知水平和兴趣，选择最适合的教学方法和策略，涵盖个性化的内容、方式和反馈，全面提升学习效果。此外，该技术可以通过实时监控学习过程，评估学习者的学习状态和效果，提供及时反馈，帮助其调整学习策略并提高效率。

8. 群体智能技术

群体智能技术是一种源自生物群体行为的仿生 AI 技术，模拟蚁群、鸟群和鱼群等在集体行为中表现出的智能特性。通过个体间的相互作用和信息交流，这些群体能够产生复杂的集体行为，展现出分布式、并行和自适应等优势，广泛应用于优化问题的求解。群体智能通过高效的全局搜索和鲁棒性，在优化算法和数据挖掘等领域具有重要应用价值。

例如，蚁群算法基于蚂蚁觅食和路径选择的自然行为，通过信息素的释放与浓度引导路径选择，成功应用于旅行商问题、资源分配等复杂组合优化任务。粒子群优化算法借鉴鸟群或鱼群的集体行为，粒子通过自身和邻近粒子的经验调整位置和速度，优化搜索全局最优解，广泛应用于连续优化问题。蜂群算法模拟蜜蜂觅食和信息传递的行为，通过距离和信息素等因素优化解空间，适用于组合和连续优化问题。鱼群算法模拟鱼群在觅食和避险中的集体行为，通过相互吸引和排斥优化位置和速度，广泛应用于连续和多目标优化任务。

9. 自主无人系统

自主无人系统是能够独立完成任务和决策的系统，无须人工干预，涵盖无人机、无人车、无人潜航器、服务机器人等。这些系统通过集成传感器、执行器和 AI 算法，具备感知环境、分析情境并执行相应行动的能力。自主无人系统的典型代表是各类智能机器人。

自主无人系统的核心技术包括多源感知与感知融合、路径规划与决策、环境建模与预测、感知与决策集成，以及自适应与学习能力。多源感知与感知融合技术使得系统能够通过多种传感器（如摄像头、雷达、激光雷达、GPS 等）实时获取周围环境信息，并通过融合不同传感器数据，提高感知的准确性和鲁棒性。路径规划与决策技术基于环境信息，生成安全有效的路径，并根据任务需求和环境变化做出最优决策。环境建模与预测技术将传感器数据转化为环境模型，并预测未来状态，以辅助路径规划和决策。感知与决策集成确保环境感知、任务规划和行动执行之间的无缝衔接，实现系统的高效响应。自适应与学习能力使系统能够在环境变化和任务需求的基础上实时调整并优化表现，通过学习技术从经验中积累知识，不断提高系统性能。

2.4.3 人工智能的前沿应用

人工智能正以前所未有的速度拓展至社会生活的各个领域，引领着科技与产业的深刻变革。这些应用通过集成先进的人工智能算法与大数据处理能力，实现了对复杂问题的智能识别、分析与解决，展现了人工智能技术的巨大潜力与价值。

在医疗健康领域，人工智能前沿应用不仅提高了对疾病的早期发现与精准治疗能力，还通过智能辅助诊断系统、个性化医疗方案等创新应用，为患者带来了更加高效、便捷的医疗服务。此外，人工智能前沿应用还在自动驾驶、智慧家居等多个领域发挥着重要作用。它们通过优化生产流程、提升城市管理效率、改善交通出行体验等方式，为经济社会发展注入了新的活力。这些应用的广泛推广与深入应用，不仅促进了科技创新与产业升级，还提升了社会整体的智能化水平，为人类社会的可持续发展奠定了坚实基础。

人工智能前沿应用正以其独特的优势与价值，深刻改变着人们的生活与生产方式，为构建更加智能、高效、可持续的社会发展模式提供了有力支撑。

1. ChatGPT

ChatGPT 是近年来人工智能技术发展的一个重要里程碑，它的出现标志着自然语言处理技术的一次重大飞跃。这一技术由美国 OpenAI 团队研发，自推出以来，就以其强大的自然语言生成与理解能力，迅速在全球范围内引发了广泛的关注和讨论。

ChatGPT 的发展历史可以追溯到 OpenAI 公司的成立以及 Transformer 模型的提出。2018 年，OpenAI 推出了具有 1.17 亿个参数的 GPT-1 模型，这是 Transformer 模型在自然语言处理领域的一次重要应用。GPT-1 模型能够自动学习语言的规律和模式，并生成高质量的文本，为后续的 GPT 系列模型奠定了基础。2019 年，OpenAI 公司公布了 GPT-2 模型，该模型具有 15 亿个参数，规模更大，性能更强。

2020 年，OpenAI 团队推出了 GPT-3 模型，GPT-3 是当年最大的语言模型之一，具有 1750 亿个参数。GPT-3 模型通过预训练和微调的方式，能够在多种自然语言处理任务中达到或超过人类水平，如问答系统、机器翻译、文本分类、文本生成等。GPT-3 模型的出现引起了广泛的关注和讨论，它被认为是自然语言处理领域的重大突破，将对话系统和人机交互带入一个新的阶段。

ChatGPT 作为一种强大的人工智能模型，具有广泛的应用场景。例如，ChatGPT 在智能客服领域的应用非常广泛。传统的客服系统往往需要人工回答用户的问题，这不仅效率低下，而且成本高昂。而 ChatGPT 则能够通过自然语言生成与理解能力，自动回答用户的问题，提供高质量的答案。在电商平台上，ChatGPT 可以作为智能客服机器人，回答用户关于商品、订单、售后等方面的问题。用户只需输入问题，ChatGPT 就能迅速给出答案，大大提高了客服效率。同时，ChatGPT 还能够根据用户的提问和反馈，不断优化自己的回答，提高服务质量。此外，ChatGPT 还能够实现多轮对话和上下文理解，能够根据用户的提问和反馈，进行更加深入和细致的交流。

2. 智能家居控制

在科技日新月异的今天，智能家居控制已经成为现代生活的重要组成部分，它不仅将家庭环境与数字技术深度融合，更通过人工智能的引入，实现了前所未有的智能化、个性化和自动化。人工智能在智能家居控制中的应用，不仅提升了家居生活的便捷性、舒适度和安全性，更开启了未来生活的新篇章。

人工智能技术的融入，使得智能家居系统能够学习用户的习惯、偏好和需求，从而提供更加精准、个性化的服务。通过深度学习、自然语言处理、机器视觉等 AI 技术，智能家居系统能够理解用户的指令、预测用户的行为，并据此自动调节家居环境，创造更加舒适、节能、安全的居住空间。此外，AI 还能实现设备间的智能联动，如根据室内光线自动调节窗帘开合度，根据室温智能调控空调温度等，真正实现家居生活的“无感化”控制。本节将通过两个具体的应用场景详细介绍AI在智能家居控制中扮演的角色。

在智能家庭安全与健康管理系统中，人工智能技术被广泛应用。例如，智能门锁通过人脸识别技术，仅允许家庭成员或授权访客进入，有效防止非法入侵。同时，智能摄像头利用机器视觉技术，能够实时监控家中情况，并在检测到异常行为（如陌生人闯入、火灾烟雾等）时立即发送警报至用户的手机App。此外，智能空气净化器与智能手环相连，通过分析用户的睡眠质量、心率等数据，自动调节室内空气质量，为用户提供健康的居住环境。上述智能系统不仅极大地提升了家庭的安全性，还通过精准的健康管理，为家庭成员的身心健康保驾护航。

在智能家居娱乐与自动化控制方面，人工智能同样发挥着关键作用。例如，智能音箱通过自然语言处理技术，能够理解用户的语音指令，播放音乐、新闻、天气预报等，甚至能根据用户的情绪推荐适合的曲目。同时，智能家居控制系统能够学习用户的日常习惯，如每天傍晚自动开启客厅灯光和电视，周末早晨关闭闹钟等，无须用户手动操作，一切尽在掌控之中。更进一步，智能厨房系统能够根据用户的饮食偏好和健康数据，推荐并准备个性化的餐食，从食材采购到烹饪过程，全程智能化管理，让家庭生活更加便捷、有趣。

3. 自动驾驶技术

自动驾驶技术作为人工智能与汽车工业的深度融合产物，正以前所未有的速度改变着人类的出行方式，引领着未来交通领域的深刻变革。这一技术通过集成计算机视觉、机器学习、传感器融合、路径规划与决策控制等多领域的前沿科技，使车辆能够在无须人类直接干预的情况下，安全、高效地行驶。自动驾驶不仅极大地提升了交通效率，降低了事故风险，还为人们带来了前所未有的出行便利，开启了智慧出行的全新时代。

自动驾驶技术首先在城市通勤和公共交通领域展现出巨大潜力。以Waymo（前身为谷歌自动驾驶项目）为例，该公司已在美国凤凰城等地推出了自动驾驶出租车服务。乘客只需通过手机App下单，自动驾驶车辆便会自动前往指定地点接载，无须人工驾驶，就能安全、准时地将乘客送达目的地。这一服务不仅极大地节省了乘客的时间，减少了寻找停车位、驾驶疲劳等烦恼，还通过优化行驶路线和减少交通拥堵，提高了整个城市的交通效率。此外，自动驾驶公交车也在我国多地试运营，如广州、深圳等，它们能够精准控制到站时间，提高公交系统的准时率和运行效率，为市民提供更加便捷、可靠的公共交通服务。

自动驾驶技术的广泛应用，不仅重塑了交通领域，更带来了深远的社会意义和经济价值。自动驾驶技术通过集成高精度传感器、先进的算法和智能决策系统，能够实时监测路况，预测并避免潜在危险，从而显著降低交通事故的发生率。同时，自动驾驶车辆能够优化行驶路线，减少交通拥堵，提高道路通行能力。据估计，全面实现自动驾驶后，城市交通效率有望提升30%以上，交通事故率可降低90%以上，这将为城市交通带来革命性的改变。自动驾驶技术还可促进节能减排与可持续发展。自动驾驶技术通过优化行驶策略，如保持匀速行驶、避免紧急加速和紧急制动等，能够显著降低车辆的能耗和排放。此外，自动驾驶车辆还能够根据路况和乘客需求，灵活调整行驶计划，减少不必要的出行和空驶，进一步减少能源消耗和环境污染。这对于推动绿色交通、实现可持续发展目标具有重要意义。

自动驾驶技术的快速发展，将带动汽车制造、电子信息、人工智能等多个产业的协同发展，催生出一系列新兴产业和就业机会。同时，自动驾驶技术的应用还将推动城市交通管理、物流配送等领域的数字化转型，提高服务质量和效率，为经济社会发展注入新的活力。

4. 医疗影像分析

医疗影像分析作为现代医学的一个关键分支，融合了计算机科学、数学以及医学影像学等多个学科的知识与技术，它通过先进的算法和模型，对医学影像数据进行深度处理、细致解析与精准解读，从而为疾病的诊断、治疗方案的制定、疗效的评估以及病理学的深入研究提供了强有力的技术支撑。这一技术的兴起，不仅极大地提升了医疗诊断的准确性和效率，更推动了医疗领域的数字化转型，开启了精准医疗的新篇章。

在肺癌的早期筛查过程中，医疗影像分析技术发挥着至关重要的作用。其中，低剂量螺旋 CT 扫描技术与人工智能辅助诊断系统的结合应用，更是表现出了极为突出的效果。我国的“肺结节 AI 辅助诊断系统”能够自动分析 CT 扫描图像，识别并标记出疑似肺结节的区域，进而通过深度学习算法对结节的形态、大小、密度等特征进行细致分析，辅助医生判断结节的良 / 恶性。这种技术不仅提高了肺癌早期筛查的敏感度，降低了漏诊率，还能够实现病灶的精准定位，为后续的手术治疗提供精确的导航。

在神经系统疾病的诊断与评估中，医疗影像分析技术同样展现出了非凡的价值。以磁共振成像为例，结合先进的图像处理算法，医生能够清晰观察到大脑的结构细节，包括灰质、白质、血管等组织的形态与功能状态。对于脑肿瘤、脑卒中、脑萎缩等疾病的诊断，MRI 结合人工智能分析系统能够提供更为精准的信息。

2.5 课后习题

一、选择题

1. 世界第一台通用电子计算机 ENIAC 诞生于（　　）。

   A. 1946 年　　B. 1958 年　　C. 1965 年　　D. 1971 年

2. 冯 · 诺依曼体系结构的核心是（　　）。

   A. 存储程序原理　　B. 二进制运算　　C. 分布式处理　　D. 人工智能

3. 下列属于系统软件的是（　　）。

A. WPS Office　　B. Windows 10　　C. Photoshop　　D. 微信

4. 计算机网络按地理范围分类，不包括（　　）。

A. 局域网　　B. 城域网　　C. 广域网　　D. 总线网

5. 人工智能的三个层次从低到高依次是（　　）。

A. 计算智能、认知智能、感知智能　　B. 弱 AI、强 AI、超 AI

C. 感知智能、计算智能、认知智能　　D. 超 AI、强 AI、弱 AI

二、填空题

1. 计算机硬件系统由运算器、控制器、________、输入设备和输出设备组成。

2. 内存分为随机存储器（RAM）和 ________（ROM），其中 ________ 断电后数据丢失。

3. TCP/IP 中，IP 地址分为 IPv4 和 ________，后者采用 128 位地址解决地址枯竭问题。

4. 人工智能核心技术包括自然语言处理、________、智能芯片技术和脑机接口技术。

5. 计算机网络安全威胁主要包括安全漏洞、恶意程序、________ 和人为因素。

三、简答题

1. 简述第四代计算机的核心元件及主要应用领域。

2. 对比解释编译型语言（如 C 语言）与解释型语言（如 Python）的执行过程差异。

3. 说明防火墙在网络安全中的作用，列举其主要功能。

4. 举例说明人工智能在医疗领域的具体应用（至少 2 例）。

四、应用题

1. 假设你需要配置一台用于图形设计的微机，需要重点关注哪些性能指标（如字长、主频、内存容量、外设配置等）？为什么？

2. 分析“哈尔滨亚冬会遭网络攻击”案例中，可能涉及的网络安全威胁类型（如黑客入侵、恶意程序）及对应的防护措施（如防火墙、加密技术）。

第 3 章

WPS 办公软件教育应用基础

在当今数字化教育时代，办公软件已成为教师和学生进行教育与学习活动的重要工具。WPS 作为一款功能强大且应用广泛的办公软件，其文字处理、表格制作和演示文稿功能在教育领域发挥着关键作用。本章将详细介绍 WPS 办公软件在教育场景中的基础应用，结合文山学院的实际应用案例，帮助读者更好地掌握相关技能。

本章目标

（1）掌握 WPS 文字处理基础操作。熟练学会新建、保存文档，输入与编辑文本，运用复制粘贴、删除等功能处理内容，以及对文档进行格式化操作，包括字体、段落、页面设置，表格制作与图片插入，还能使用教育模板和生成目录，同时掌握分栏、公式编辑、邮件合并等教育特色功能。

（2）精通 WPS 表格操作技能。能够创建表格并进行基本操作，如插入行和列、调整列宽、输入数据与自动填充。熟练运用数据处理功能，包括排序、筛选、使用公式函数计算统计数据，以及进行数据可视化操作，如插入柱形图、饼图分析数据。

（3）熟练运用 WPS 演示制作课件。掌握新建、复制与修改幻灯片的方法，遵循设计原则设计课件，设置母版与版式，插入多媒体素材。学会美化幻灯片，包括排版、添加动画、应用主题模板、设置背景和切换效果，并且能够进行放映设置、自定义放映、录制旁白和计时等操作。

学习建议

（1）实践操作：结合文山学院实际案例，按照文档步骤，亲自动手操作 WPS 文字、表格、演示的各项功能，通过实践加深对知识点的理解和记忆，在操作中发现问题并解决问题。

（2）对比总结：在学习 WPS 各组件功能时，对比相似操作在不同组件中的差异，如文字和表格中的格式设置、演示和文字中的插入对象操作等，总结规律，提高学习效率。

（3）拓展应用：除了文档中的案例，尝试将所学功能应用到其他教育场景中，如制作教案、统计学生考勤、设计课程宣传演示文稿等，提升综合运用能力。

（4）自主探索：利用 WPS 软件的帮助文档、在线教程等资源，自主探索更多高级功能和应用技巧，拓宽知识面，满足个性化学习和工作需求。

3.1　WPS 文字

3.1.1　WPS 基本操作

案例：制作一份教学计划文档

1. 启动与新建文档

在电脑桌面上找到 WPS 文字的图标，双击打开软件。进入软件界面后，在界面的左上角可以看到“新建”按钮，单击它，会出现多种新建文档的选项，选择“文字”，此时出现“新建文档”，单击“空白文档”就创建好了一个空白文档，如图 3-1 所示。

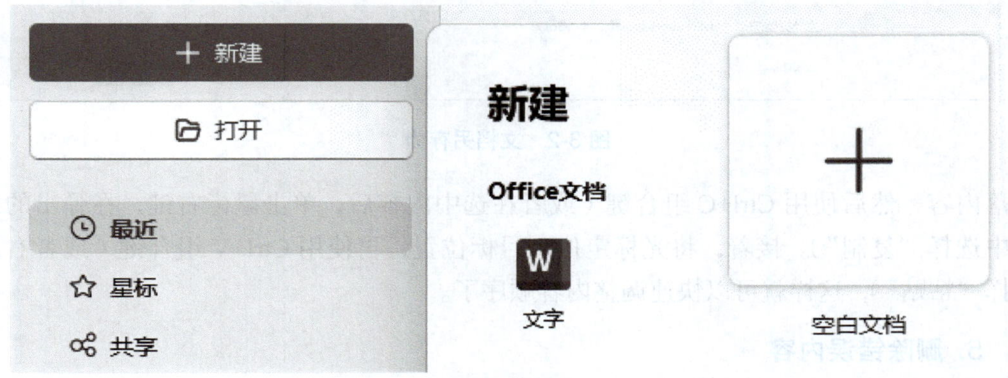

图 3-1　新建空白文档

2. 输入标题与保存文档

在新建的空白文档第一行输入“2025 学年第一学期教学计划”作为标题。接着，单击软件左上角的“保存”按钮（图标类似一个磁盘），或者使用快捷键 Ctrl+S。这时会弹出“另存为”对话框，如图 3-2 所示，在对话框中选择想要保存文档的位置（如电脑桌面上的“教学文档”文件夹），在“文件名”输入框中输入“教学计划 .docx”，最后单击“保存”按钮。

3. 输入文本内容

在标题下方的段落中开始输入总体教学目标、指导思想、基本情况、教学设想及具体措施等相关文本信息。

4. 使用复制粘贴功能调整内容顺序

假设在输入过程中，发现某个段落的位置不合适，需要调整顺序。先选中要移动的

图 3-2　文档另存为

段落内容，然后使用 Ctrl+C 组合键（或者在选中内容后，单击鼠标右键，在弹出的菜单中选择“复制”）。接着，将光标定位到目标位置，再使用 Ctrl+V 组合键（或者右击选择“粘贴”），这样就可以快速调整内容顺序了。

5. 删除错误内容

如果在输入过程中出现错误，将光标移动到错误内容的后面，按下 Backspace 键，就可以删除光标前面的错误字符；如果将光标移动到错误内容的前面，按下 Delete 键，则可以删除光标后面的错误字符。

3.1.2　文档格式化

案例：美化教学计划文档

1. 设置标题格式

选中标题“2025 学年第一学期教学计划”，在软件顶部的“开始”菜单栏中找到“字体”设置区域。在“字体”下拉菜单中选择“黑体”，在“字号”下拉菜单中选择“二号”，单击“加粗”按钮（图标为一个加粗的字母 B），再单击“字体颜色”按钮，在弹出的颜色选择框中选择“钢蓝，着色 1”，如图 3-3 所示。

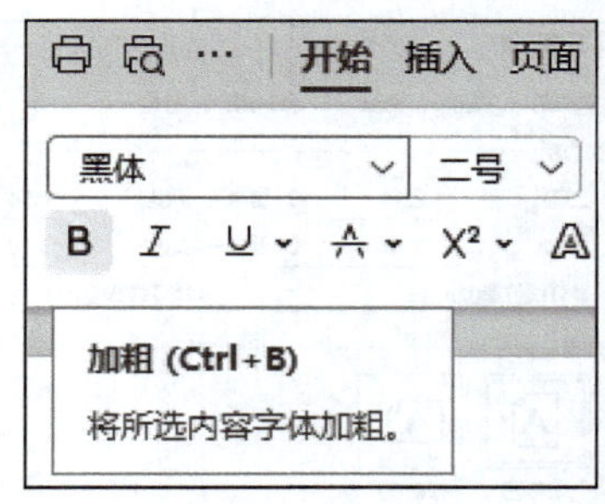

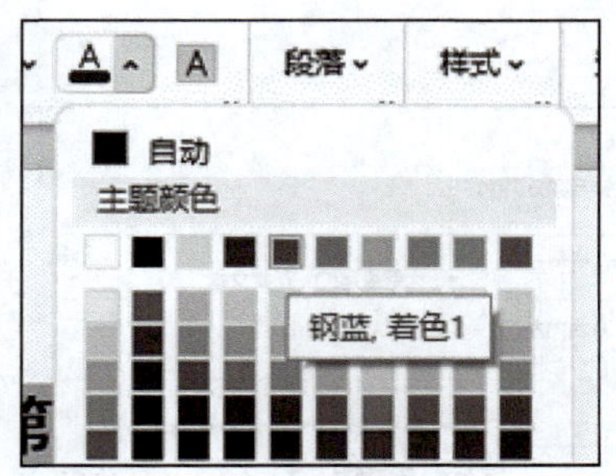

图 3-3　标题格式设置

2. 设置正文格式

选中正文所有内容（可以通过鼠标拖动选中，也可以使用快捷键 Ctrl+A 全选），在“字体”设置区域，将字体设置为宋体，字号设置为小四。对于正文中的重点内容，如重要的教学方法等，选中这些内容后，单击“下画线”按钮（图标为一条直线）添加下画线，或者单击“倾斜”按钮（图标为“I”）设置为斜体来强调。

3. 设置段落对齐方式

再次选中标题，在“段落”设置区域，单击“居中对齐”按钮（图标为三条线，中间一条两端对齐），使标题居中显示。选中正文内容，单击“左对齐”按钮（图标为三条横线，中间一条左对齐），让正文左对齐，如图 3-4 所示。

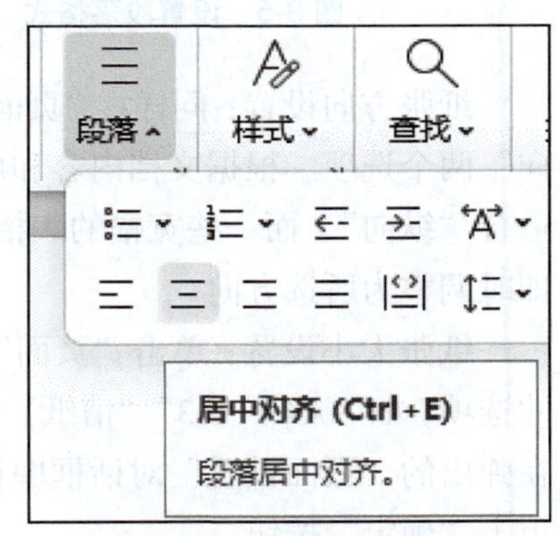

图 3-4　设置标题居中

4. 调整行距和缩进

选中正文内容，单击“段落”设置区域右下角的小箭头，打开“段落”对话框。在“段落”对话框中，找到“行距”设置项，在下拉菜单中选择“1.5 倍行距”；在“特殊格式”下拉菜单中选择“首行缩进”，“度量值”保持默认的“2 字符”，然后单击“确定”按钮，如图 3-5 所示。

5. 页面设置

页面设置通常包含页边距、纸张方向、纸张大小、页面背景、页眉页脚设置。

页边距设置：在“页面”选项卡中，单击“页边距”按钮，此时会弹出下拉菜单，其中有预设的几种常见页边距方案，如“普通”“窄”“宽”等。若这些预设方案无法满足需求，可选择“自定义页边距”。在弹出的“页面设置”对话框中，手动输入上、下、左、右的页边距数值，单位通常为厘米 。设置完成后，单击“确定”按钮应用设置，如图 3-6 所示。

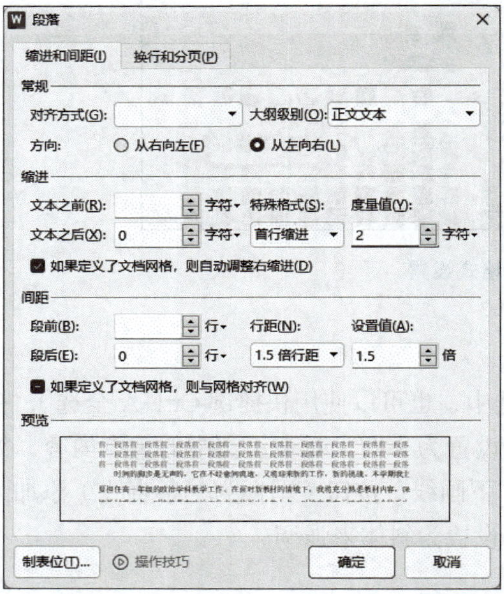

图 3-5　设置段落格式

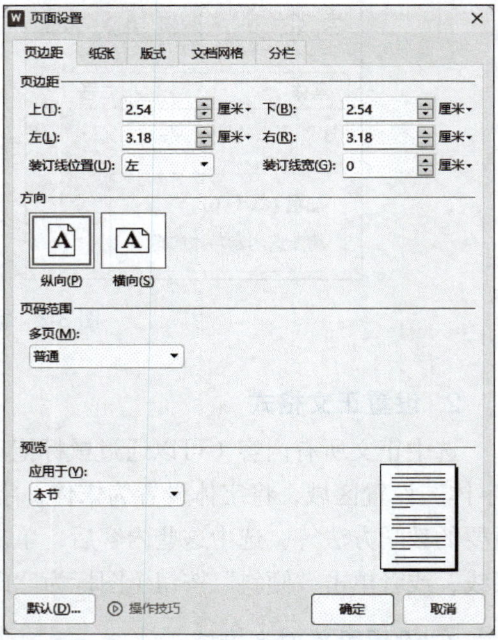

图 3-6　页边距设置

纸张方向设置：同样在“页面”选项卡下，单击“纸张方向”按钮，有“纵向”和“横向”两个选项。根据文档内容和展示需求选择相应的方向，例如，一般文字较多的文档适合“纵向”，而一些宽幅的表格或图表较多的文档可能更适合“横向”。选择后页面会即时调整为所选方向。

纸张大小设置：单击“页面”选项卡中的“纸张大小”按钮，会出现常见的纸张尺寸选项，如“A4”“A3”“信纸”等。若没有合适的预设尺寸，可选择“更多纸张大小”，在弹出的“页面设置”对话框中自定义纸张的宽度和高度数值，单位为厘米，设置好后单击“确定”按钮。

页面背景设置：在“页面”选项卡中找到“背景”。单击“背景”按钮，可从下拉颜色面板中选择合适的颜色作为页面背景，如图 3-7 所示；若要添加水印，单击“水印”按钮，有预设水印可供选择，也能通过“自定义水印”设置文字水印或图片水印，如图 3-8 所示。

页眉页脚设置：单击顶部菜单栏中的“插入”或“页面”选项卡。在“页眉和页脚”组中，单击“页眉页脚”选项，会出现预设的样式可供选择，如图 3-9 所示。双击页眉或页脚区域进入编辑模式，可输入页码、日期、公司名称等内容，还能通过“页眉和页脚工具”选项卡进行更多设置，如设置页码格式、调整页眉页脚边距等 。在正文处双击鼠标左键可回到页面编辑状态。

图 3-7　页面背景设置

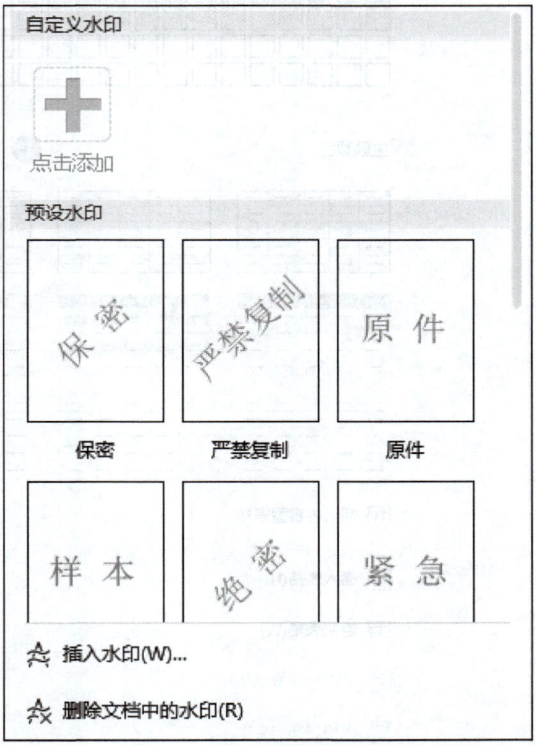

图 3-8　为页面添加水印

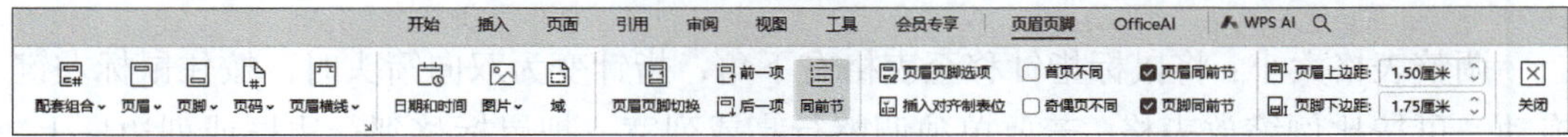

图 3-9　页眉页脚工具栏

6. 表格制作

表格制作包括插入表格、调整表格大小和位置、设置表格样式、单元格设置、边框和底纹设置等。

插入表格：将光标定位到文档中要插入表格的位置，单击“插入”菜单。可选择“表格”，在弹出的表格选择框中，通过鼠标拖动选择行数和列数，表格会即时插入，如图 3-10 所示；或选择“绘制表格”，鼠标指针变成铅笔形状，手动绘制表格外框和内部线条来确定表格结构，绘制完成后单击表格外区域结束绘制。

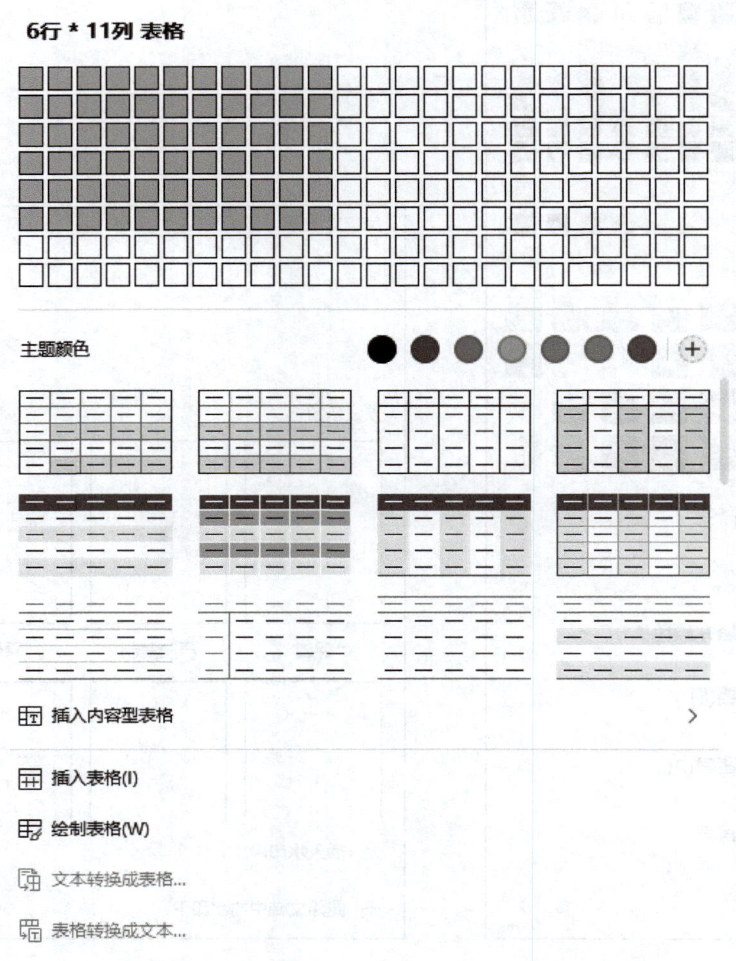

图 3-10　插入 6 行 11 列表格示例

调整表格大小：将鼠标指针移至表格右下角，指针变为双向箭头时，按住鼠标左键拖动，可按比例缩放表格；若要单独调整行高或列宽，把鼠标移到行边框或列边框上，指针变为双向箭头后拖动即可。也可选中表格，单击“表格工具”中的“表格属性”，在“表格”选项卡设置“指定宽度”调整整体宽度；在“行”“列”选项卡分别设置“指定高度”和“指定宽度”精确调整行高和列宽。

调整表格位置：选中表格，单击“表格工具”的“表格属性”，在“表格”选项卡的“对齐方式”中选择左对齐、居中对齐、右对齐；选择“文字环绕”并设置环绕方式后，可通过拖动表格改变其在文档中的位置，如图 3-11 所示。

表格样式应用：选中表格，单击“表格样式”，从下拉列表中选择喜欢的样式，例如网格型、列表型等，如图 3-12 所示。

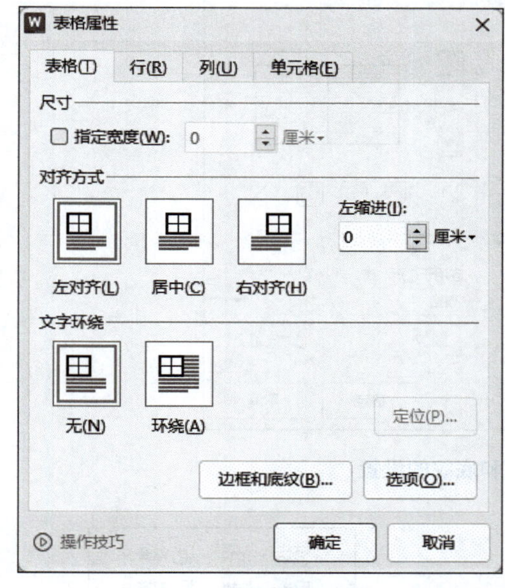

图 3-11 表格属性设置

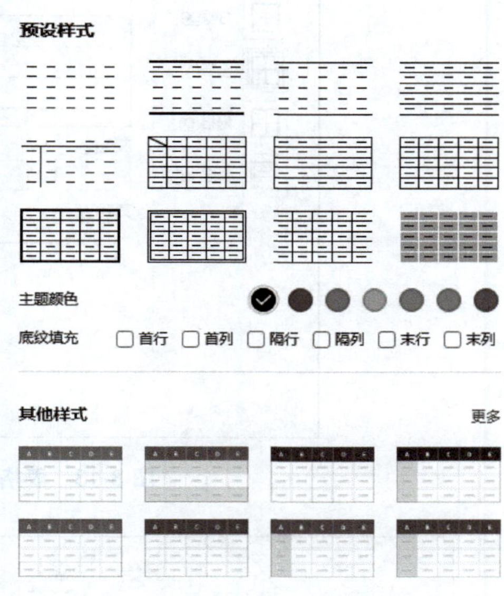

图 3-12 表格预设样式的应用

表格边框和底纹设置：选中表格或特定单元格，单击“表格工具”的“表格属性”，弹出的对话框单击“边框和底纹”，在“边框”选项卡选择边框样式、颜色、宽度；通过“预览”选择应用边框的位置（如顶部、左侧边框等）；若要自定义边框，单击“自定义”，手动选择预览框中的线条添加或删除边框。同样在“边框和底纹”对话框，切换到“底纹”选项卡，在“填充”下拉列表选择底纹颜色；在“图案”下拉列表选择图案样式和颜色，设置完成单击“确定”按钮，如图 3-13 所示。

7. 插入并设置图片

将光标定位到文档中需要插入教学流程图的位置，单击软件顶部的“插入”菜单栏，选择“图片”，如图 3-14 所示。在弹出的“插入图片”对话框中，找到教学流程图图片所在的位置，选中图片后单击“打开”按钮。插入图片后，选中图片，会出现“图片工具”菜单栏。在“图片工具”的“环绕方式”中选择“四周型环绕”，如图 3-15 所示，然后通过拖动图片的边框来调整图片的大小，将图片拖动到合适的位置。

8. 使用教育模板格式化文档

单击软件顶部的“特色应用”菜单栏，选择“在线模板”。在弹出的“在线模板”窗口中，在搜索框中输入“教育”进行搜索。找到合适的教育模板后，单击模板上的“立即使用”按钮，WPS 会自动将模板的格式应用到当前文档中，对文档进行快速格式化。

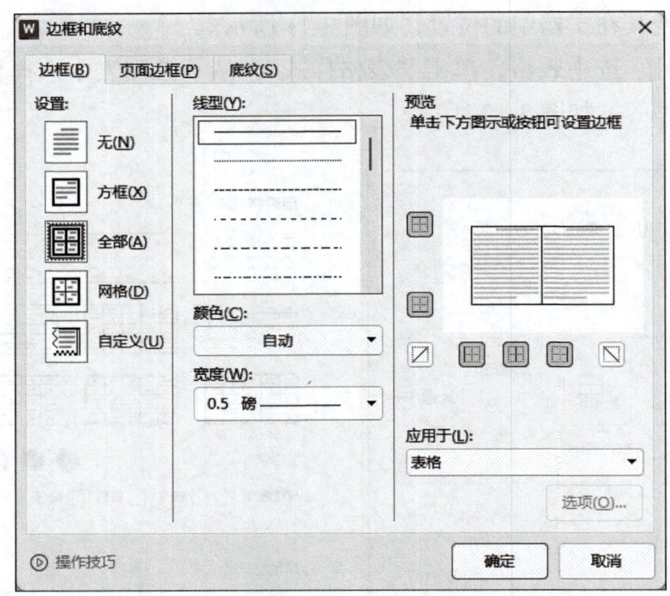

图 3-13 表格边框和底纹的设置

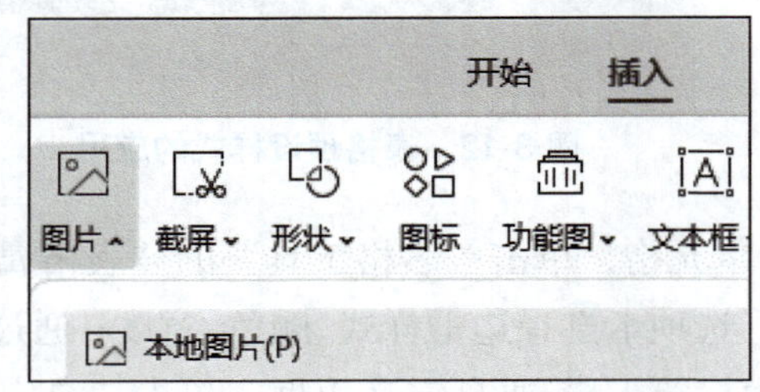

图 3-14 插入图片

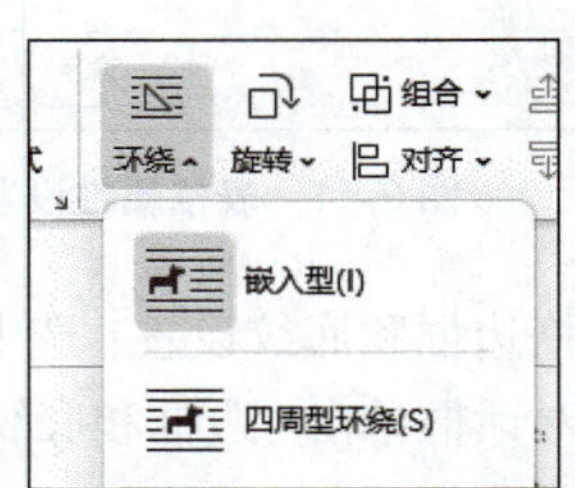

图 3-15 设置图片环绕方式

9. 添加多级标题样式并生成目录

在文档中，将不同级别的标题设置为相应的样式。将大标题设置为“标题 1”样式，二级标题设置为“标题 2”样式，以此类推，如图 3-16 所示。选中要设置样式的标题内容，在“开始”菜单栏的“样式”区域中，选择对应的标题样式。设置好所有标题样式后，将光标定位到文档开头需要插入目录的位置，单击“引用”菜单栏，选择“目录”。在弹出的“目录”下拉菜单中，选择合适的目录格式（如自动目录 1 或自动目录 2），WPS 会自动根据标题样式生成目录，如图 3-17 所示。

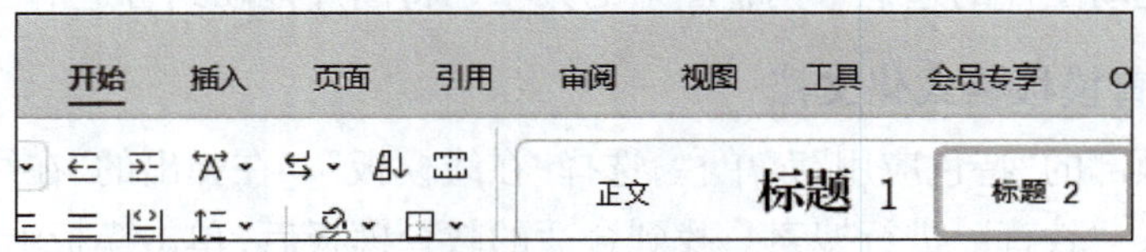

图 3-16 设置标题样式

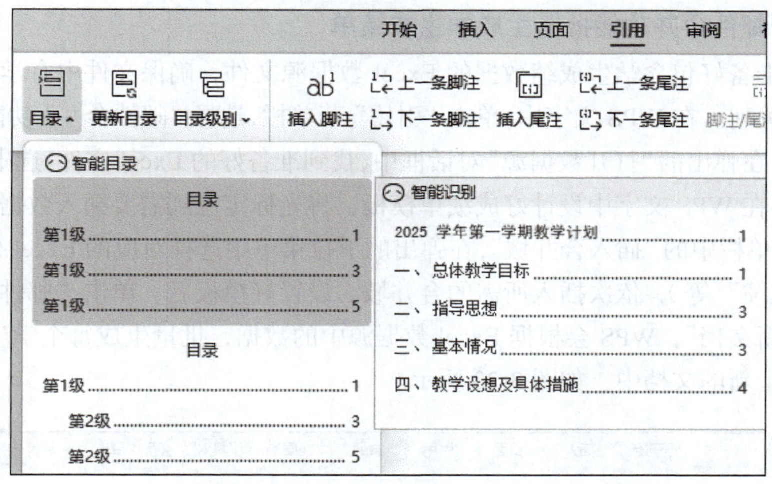

图 3-17　自动生成目录

3.1.3　教育特色功能应用

案例：制作试卷

1. 使用分栏功能

打开试卷文档，单击软件顶部的“页面布局”菜单栏，在“页面设置”区域找到“分栏”按钮。单击“分栏”按钮，在弹出的下拉菜单中选择“两栏”，此时试卷内容就被分为两栏显示了。如果需要调整栏间距等参数，可以单击下拉菜单中的“更多分栏”，在弹出的“分栏”对话框中进行设置，如图 3-18 所示。

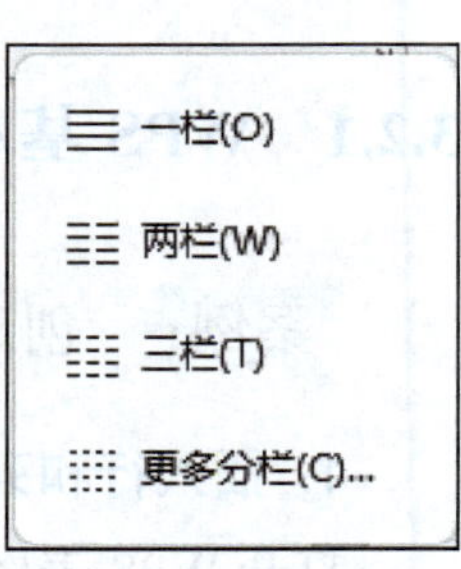

图 3-18　分栏设置

2. 使用公式编辑器输入公式或特殊符号

当试卷中需要输入数学公式或特殊符号时，将光标定位到需要插入公式或符号的位置，单击“插入”菜单栏，选择“公式”。在弹出的公式编辑器中，根据需要选择各种公式模板和符号进行输入。例如，要输入分数公式，可以在公式编辑器中找到分数模板进行编辑；要输入希腊字母等特殊符号，可以在符号列表中选择相应符号插入。编辑完成后，单击公式编辑器外部的文档区域，公式就会插入到文档中，如图 3-19 所示。

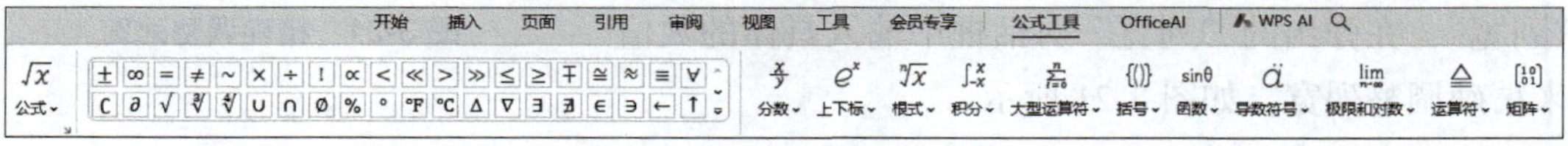

图 3-19　“公式工具”选项卡

3. 利用邮件合并功能批量生成学生成绩单

首先，准备好包含学生成绩数据的 Excel 数据源文件，确保文件中有学生姓名、各科成绩等相关列。在 WPS 文字中，单击“引用”菜单栏，选择“邮件合并”功能，单击“打开数据源”。在弹出的“打开数据源”对话框中，找到准备好的 Excel 文件，选中后单击“打开”。接着，在 WPS 文字中设计好成绩单模板，将光标定位到需要插入数据的位置，单击“邮件”菜单栏中的“插入合并域”，在弹出的下拉菜单中选择对应的 Excel 列名（如“姓名”“语文成绩”等），依次插入所需的合并域。设置好模板后，单击“邮件”菜单栏中的“合并到新文档”，WPS 会根据 Excel 数据源中的数据，批量生成每个学生的成绩单，并显示在一个新的文档中，如图 3-20 所示。

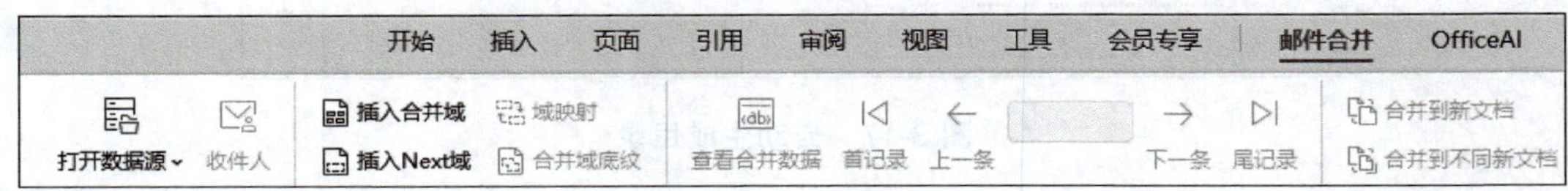

图 3-20 邮件合并

3.2 WPS 表格

3.2.1 WPS 基本操作

案例：创建学生信息表

1. 插入行和列

打开 WPS 表格软件，新建一个空白表格。在表格中 A 列输入“学号”，B 列输入“姓名”，C 列输入“性别”等列标题。

2. 调整列宽

将鼠标指针移动到列标题的分隔线上（如 A 列和 B 列之间的分隔线），当指针变为左右箭头时，按住鼠标左键拖动，就可以调整列宽，使列宽适应内容显示。也可以选中整列，右击，在弹出的菜单中选择“列宽”，在弹出的“列宽”对话框中输入具体的数值来精确调整列宽，如图 3-21 所示。

图 3-21 精确调整列宽

3. 输入学生信息并使用自动填充生成学号序列

在对应的单元格中依次输入学生的基本信息，如姓名、性别等。对于学号，假设第一个学号为2025001，在A2单元格中输入2025001，在A3单元格中输入2025002。然后选中A2和A3单元格，将鼠标指针移动到选中区域右下角，当指针变为黑色十字时，按住鼠标左键向下拖动，即可自动填充生成后续的学号序列。

3.2.2 数据处理与公式函数

案例：学生成绩统计

1. 按总分降序排列和筛选成绩优秀的学生

选中学生成绩数据区域A~E列，其中A列为学号，B列为姓名，C~H列为各科成绩，I列为总分（可以单击表格左上角的三角形按钮，全选表格内容）。单击软件顶部的“数据”菜单栏，在“排序和筛选”区域单击“排序”按钮。在弹出的“排序”对话框中，“主要关键字”选择“总分”，“排序依据”选择“数值”，“次序”选择“降序”，然后单击“确定”按钮，此时表格就会按总分降序排列，如图3-22所示。

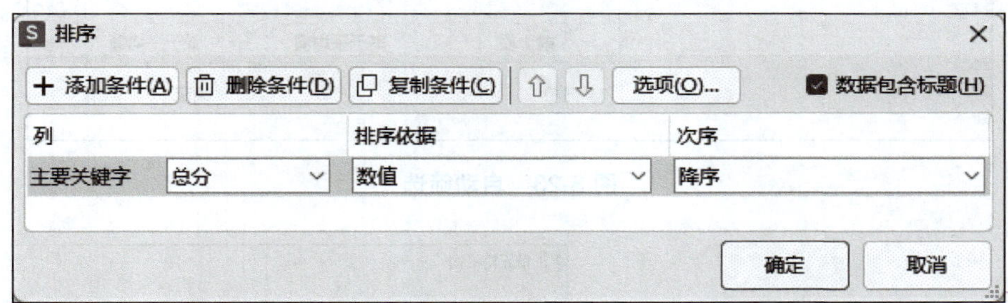

图3-22 数据排序

单击“数据”菜单栏中的“筛选”按钮，此时每列标题旁会出现筛选箭头，如图3-23所示。单击“思想品德”列的筛选箭头，在弹出的筛选框中，取消全选，只勾选“大于”选项，并在后面的输入框中输入“85”（假设85分及以上为优秀），然后单击“确定”按钮，这样就筛选出了成绩优秀的学生，如图3-24所示。

2. 使用函数计算总分和平均分

计算总分：在I2单元格中输入公式“=SUM（C2:H2）”，然后按下回车键，即可计算出第一个学生的总分。将鼠标指针移动到I2单元格右下角，当指针变为黑色十字时，按住鼠标左键向下拖动，即可自动计算出其他学生的总分。

计算平均分：在J2单元格中输入公式“=AVERAGE（C2:H2）”，按下回车键后计算出第一个学生的平均分，同样通过向下拖动填充柄，计算出其他学生的平均分。选中“平均分”列，鼠标右击，选择“设置单元格格式”，将“平均分”列设置为数值类型，且小数设置为2，保留2位小数，如图3-25所示。

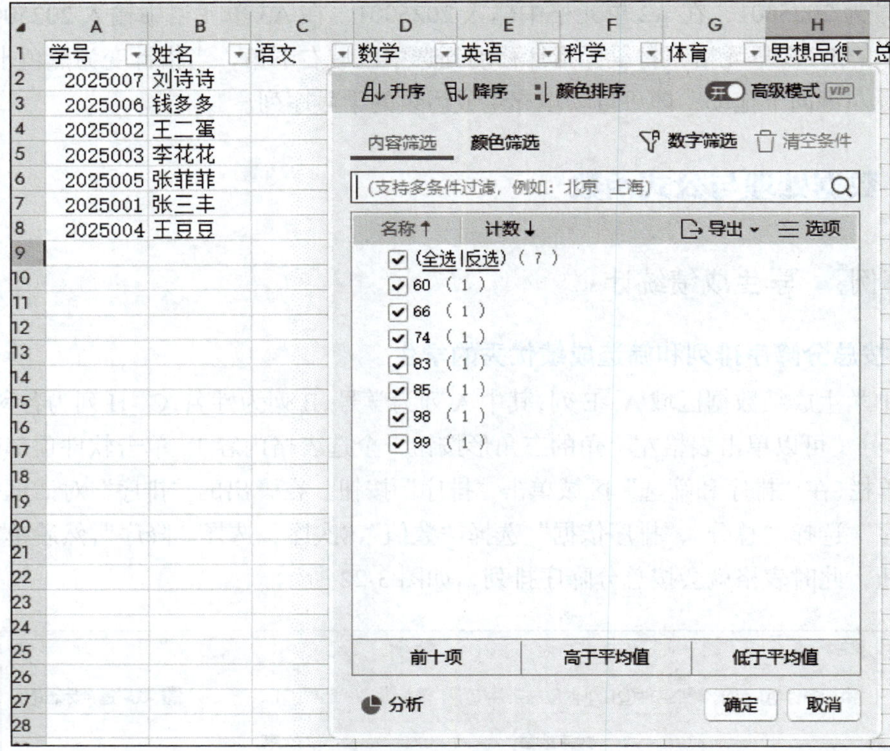

图 3-23　自动筛选

自定义自动筛选方式

显示行:

思想品德

大于　85

与(A)　或(O)

可用 ? 代表单个字符

用 * 代表任意多个字符

确定　取消

图 3-24　“自定义自动筛选方式”对话框

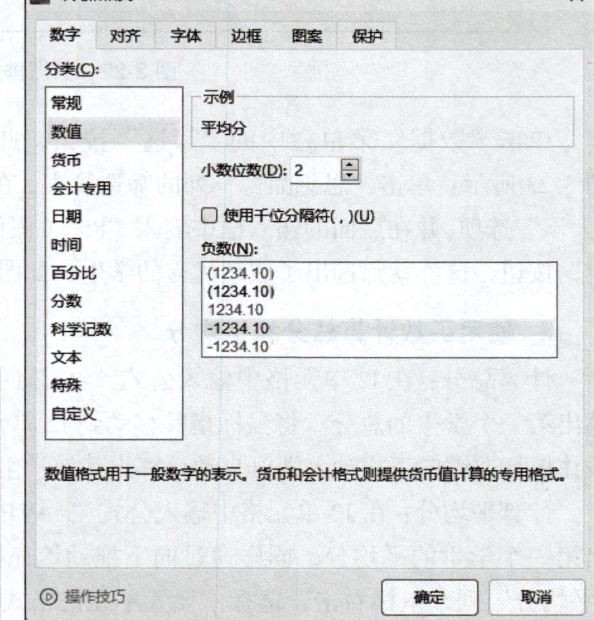

图 3-25　单元格格式设置

3. 使用 IF 函数标注及格与否

在 K2 单元格中输入公式“=IF（C2>=60,"及格","不及格"）”，按下回车键后，即可根据成绩判断是否及格，并显示相应结果。向下拖动 K2 单元格的填充柄，可对其他学生的成绩进行同样的判断和标注，如图 3-26 所示。

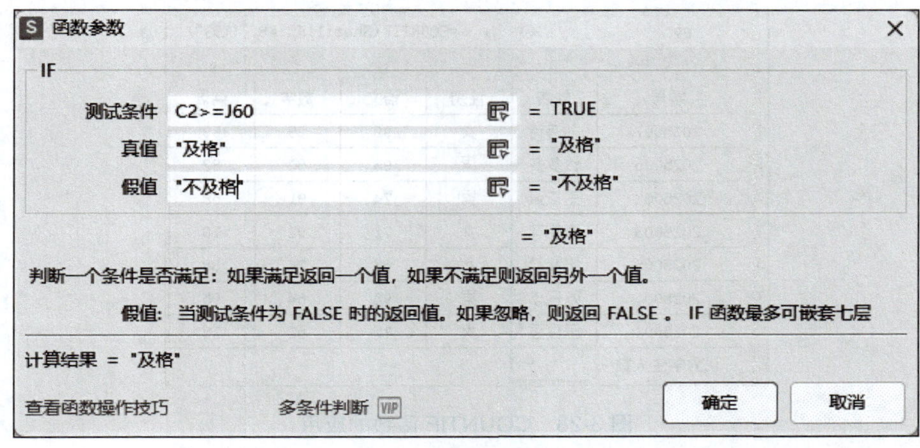

图 3-26　IF 函数的使用

4. 设置数据验证防止录入错误

在“姓名”列后插入“性别”列，选中“性别”列，单击“数据”菜单栏中的“有效性”按钮。在弹出的“数据有效性”对话框中，在“允许”框选择“序列”，在“来源”输入框中输入“男,女”（中间用英文逗号隔开），然后单击“确定”按钮，如图 3-27 所示。这样，在“性别”列输入数据时，只能选择“男”或“女”，防止录入错误。

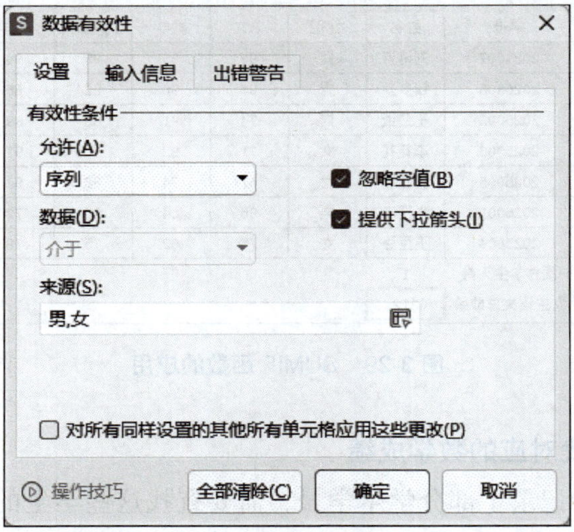

图 3-27　数据有效性验证

5. 统计成绩等级为“优秀”的学生数量

选中空白单元格 B9，在该单元格中输入公式“=COUNTIF（Sheet1!M2:M8,"优秀"）”。这里“Sheet1!M2:M8”表示工作表 Sheet1 中成绩等级所在的单元格区域，“优秀”是统计条件。按下回车键，即可得出成绩等级为“优秀”的学生数量，如图 3-28 所示。

B9　=COUNTIF(Sheet1!M2:M8,"优秀")

	A	B	C	D	E	F
1	学号	姓名	性别	语文	数学	英语
2	2025007	刘诗诗	女	99	99	99
3	2025006	钱多多	男	96	90	82
4	2025002	王二蛋	男	74	91	68
5	2025003	李花花	女	71	92	70
6	2025005	张菲菲	女	67	74	88
7	2025001	张三丰	男	96	64	95
8	2025004	王豆豆	女	75	62	75
9	优秀学生人数	1				

图 3-28　COUNTIF 函数的应用

6. 统计性别为“女”的学生的语文总成绩

选中空白单元格 B10。在该单元格中输入公式“=SUMIF（Sheet1!C2:C8,"女",Sheet1!D2:D8）”。其中“Sheet1!C2:C8”是条件判断区域，即性别所在的单元格区域；“女”是条件；“Sheet1!D2:D8”是需要求和的实际单元格区域，即语文成绩所在的单元格区域。按下回车键，就能得到性别为“女”的学生的语文总成绩，如图 3-29 所示。

B10　=SUMIF(Sheet1!C2:C8,"女",Sheet1!D2:D8)

	A	B	C	D	E	F	G
1	学号	姓名	性别	语文	数学	英语	科学
2	2025007	刘诗诗	女	99	99	99	94
3	2025006	钱多多	男	96	90	82	86
4	2025002	王二蛋	男	74	91	63	89
5	2025003	李花花	女	71	92	70	97
6	2025005	张菲菲	女	67	74	88	92
7	2025001	张三丰	男	96	64	95	72
8	2025004	王豆豆	女	75	62	75	78
9	优秀学生人数	1					
10	女生语文总成绩	312					

图 3-29　SUMIF 函数的应用

7. 根据学号查找对应的数学成绩

工作表 Sheet2 中记录了部分学生学号，需要查找这些学生的数学成绩。“A2:A4”单元格区域记录了要查询数学成绩的学生学号。在 B2 单元格（与 A2 学号对应）中输入公式“=VLOOKUP(A2,Sheet1!A2:J8,5,FALSE)”。其中：“A2”是要查找的值，即学号；“Sheet1!A2:J8”是查找范围，包含了学号和数学成绩等信息；“5”表示返回查找范围中第 5 列的值，也就是数学成绩所在列；“FALSE”表示精确匹配。按下回车键后，B2 单元格会显示出对应学号学生的数学成绩。然后将鼠标指针移至 B2 单元格右下角，当指针变为黑色十字时，按住鼠标左键向下拖动至 B4 单元格，即可批量获取其他学号对应的数学成绩，如图 3-30 所示。

C2　fx　=VLOOKUP(A2, Sheet1!A2:J8, 5, FALSE)

	A	B	C	D	E	F
1	学号	姓名	数学			
2	2025007	刘诗诗	99			
3	2025003	李花花	92			
4	2025004	王豆豆	62			

图 3-30　使用 VLOOKUP 函数查找数据

3.2.3　数据可视化

案例：成绩分布分析

1. 插入柱形图比较各科平均分

选中包含各科成绩和平均分的数据区域，单击软件顶部的“插入”菜单栏，在“图表”区域选择“柱形图”，如图 3-31 所示。WPS 会自动生成一个柱形图，展示各科平均分的对比情况。如果需要调整图表的标题、坐标轴标签等内容，可以选中图表，在出现的“图表工具”菜单栏中进行设置。

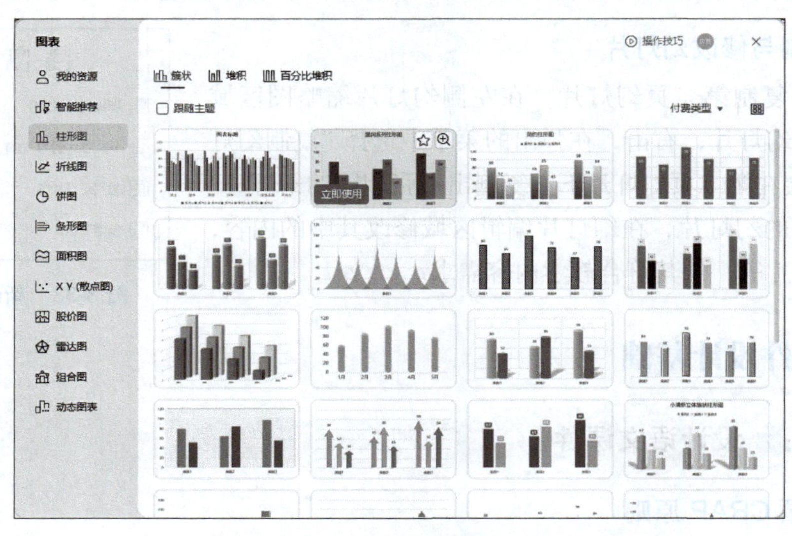

图 3-31　插入柱形图

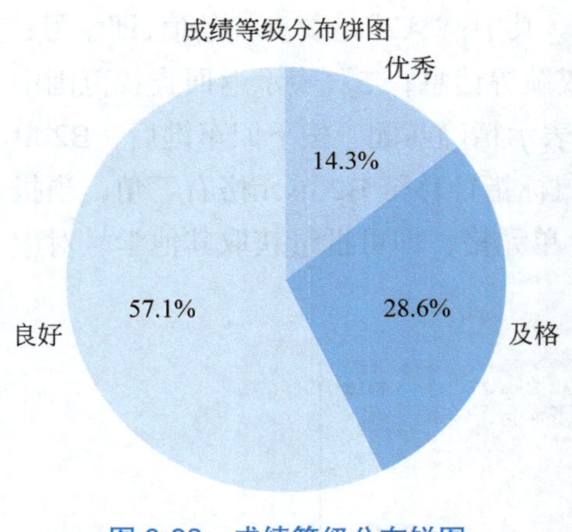

图 3-32　成绩等级分布饼图

2. 插入饼图展示成绩等级分布

首先，根据平均分划分等级，即 90~100 分为优秀，80~89 分为良好，60~79 分为及格，60 分以下为不及格。在表格中添加一列“成绩等级”，使用 IF 函数或其他方法填充成绩等级数据。然后选中“成绩等级”列和对应的统计数量列（可以先对成绩等级进行计数统计），单击“插入”菜单栏，选择“饼图”。WPS 会生成饼图展示成绩等级的分布情况，同样可以在“图表工具”中对饼图进行美化和设置，如图 3-32 所示。

3.3　WPS 演示

3.3.1　WPS 基本操作

案例：创建教学课件

1. 新建幻灯片

打开 WPS 演示软件，进入软件界面后，在界面的左侧幻灯片缩略图区域，鼠标右击，在弹出的菜单中选择“新建幻灯片”。重复此操作 9 次，这样就新建了 10 页幻灯片。也可以单击软件顶部“开始”菜单栏中的“新建幻灯片”按钮来新建幻灯片，如图 3-33 所示。

2. 复制与修改幻灯片

假设要复制第二页幻灯片，在左侧幻灯片缩略图区域选中第二页幻灯片，右击，在弹出的菜单中选择“复制幻灯片”，此时会在第二页幻灯片下方复制出一张相同的幻灯片。选中复制后的幻灯片，在幻灯片编辑区域修改其中的内容，如文字、图片等，使其符合教学内容需求。

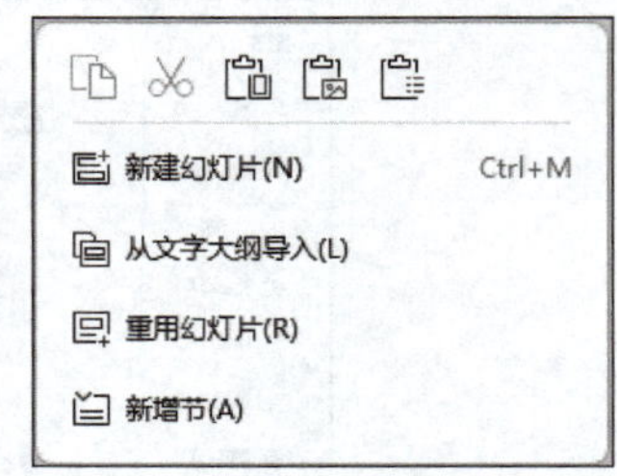

图 3-33　新建幻灯片

3.3.2　课件设计基础

案例：设计语文课件

1. 遵循 CRAP 原则

对比（Contrast）：在课件中，将标题文字设置为较大的字号（如 40 磅），并使用与正文不同的颜色（如红色），突出标题与正文的区别，使学生能够快速识别重点内容。重复（Repetition）：在每一页课件中，保持相同的标题样式（字体、字号、颜色等），以及相同的正文样式，让整个课件风格统一。对齐（Alignment）：将文本框、图片等元素都进行对齐处理。例如，将所有的文本框都左对齐，使页面看起来更加整齐美观。亲密性（Proximity）：将相关的内容放在一起，例如，将课文讲解和对应的注释放在相邻位置，便于学生理解。

2. 设置母版

单击软件顶部的“视图”菜单，选择“幻灯片母版”选项，进入幻灯片母版编辑界面。此时可以看到多种母版样式，如主母版及各版式母版。选中主母版，在“开始”菜单的“字体”组中，设置统一的字体为宋体，字号为 28 磅，颜色为黑色，如图 3-34 所示；在“绘图工具”的“填充颜色”选项中，将背景颜色设置为淡蓝色（可根据喜好选择）。接着，在母版的右下角位置，单击“插入”菜单中的“图片”，选择学校 logo 图片插入，并调整其大小和位置，使其不影响正文内容展示，如图 3-35 所示。设置完成后，单击“关闭母版视图”按钮回到普通编辑界面，此时新建的幻灯片或应用该母版的已有幻灯片都会自动应用这些格式，如图 3-36 所示。

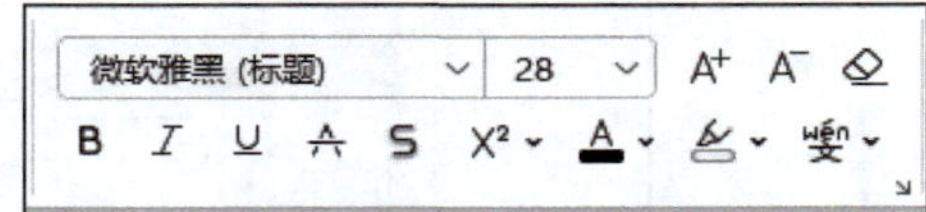

图 3-34　模板字体设置

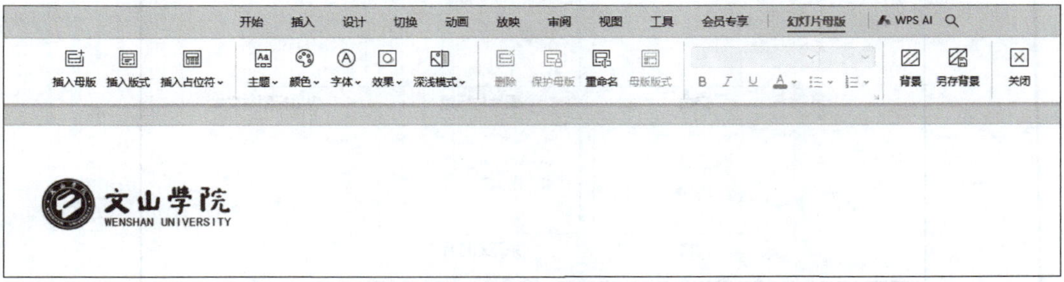

图 3-35　设置学校 logo

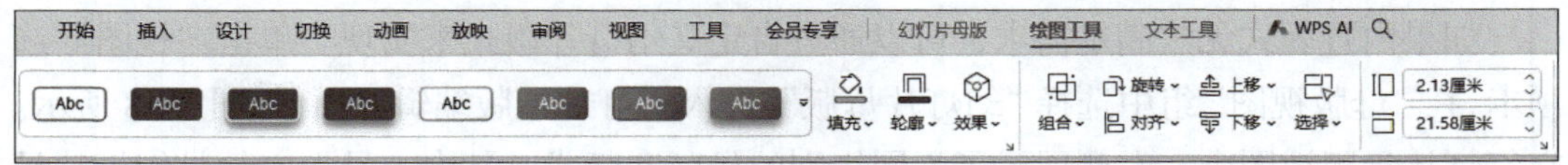

图 3-36　绘图工具

3. 板式设计

在打开的演示文稿中，单击“开始”选项卡，在“幻灯片”组中找到“版式”按钮，单击该按钮，会弹出幻灯片版式选择窗格。幻灯片版式选择窗格中展示了多种内置版式，如“标题页”“标题和内容”“两栏内容”“空白”等。这些版式针对不同的内容展示需求进行了预设布局。例如，“标题页”版式主要用于展示演示文稿的主题和副标题；“标题和内容”版式适合正文内容较多的页面；“两栏内容”版式可方便地对比展示两部分相关信息。根据每一页幻灯片的内容性质，选择合适的版式。例如，对于演示文稿的开场页，选择“标题页”版式；对于介绍产品特点的页面，选择“标题和内容”版式。找到合适的版式后，直接单击该版式缩略图，即可将其应用到当前选中的幻灯片上，如图 3-37 所示。

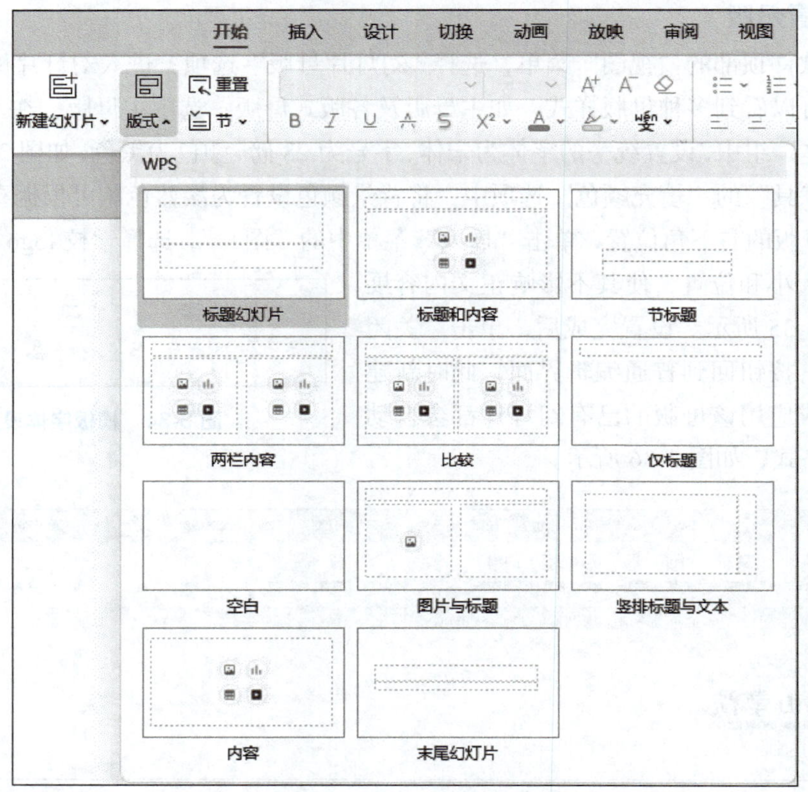

图 3-37 选择与应用内置版式

如果内置版式无法满足需求，可以通过自定义幻灯片版式来实现。单击“视图”选项卡，在“母版视图”组中选择“幻灯片母版”，进入幻灯片母版编辑界面，如图 3-38 所示。在幻灯片母版视图中，左侧展示了不同级别的母版和版式，其中，最上方的是幻灯片母版，下方的是基于幻灯片母版的各个版式。

选择要自定义的版式（而非幻灯片母版，除非希望对所有版式进行统一修改），在该版式中进行操作。可以对文本框、占位符等元素进行添加、删除、移动和调整大小等操作。例如，若要添加一个新的文本框用于展示特殊信息，单击“插入”选项卡，选择“文本框”，绘制文本框并将其移动到合适位置；若占位符的大小不合适，选中占位符，通过拖动其边框来调整大小。

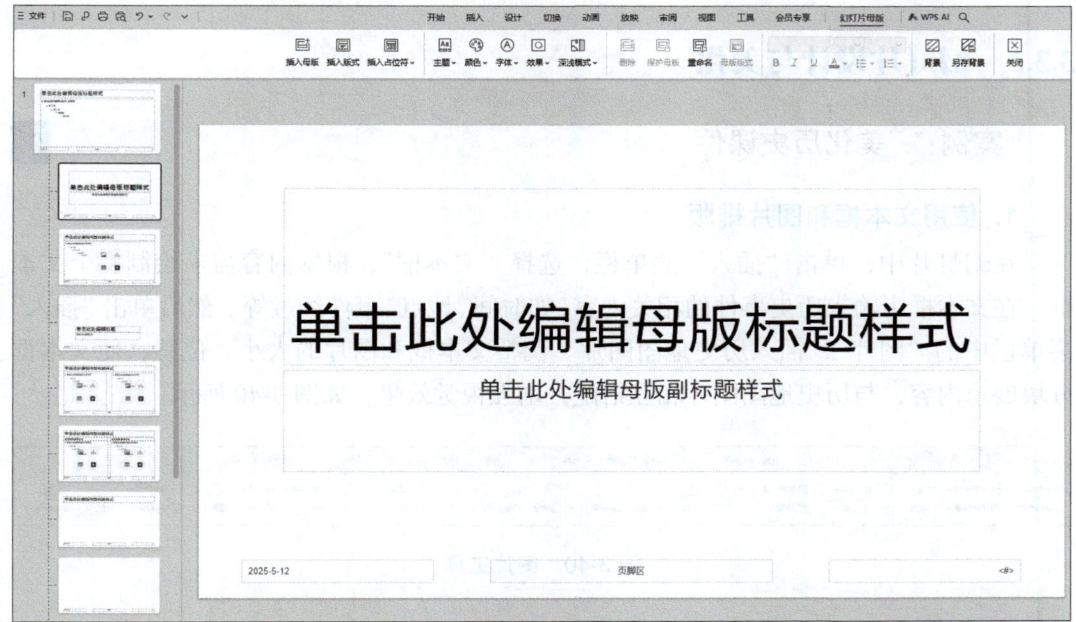

图 3-38 在“母版视图”里自定义幻灯片版式

选中文本框或占位符中的文本，在“开始”选项卡中设置字体、字号、颜色、加粗、倾斜、下画线等格式。还可以通过“段落”组设置段落的对齐方式、行距、缩进等。例如，将标题文本设置为较大的字号、醒目的颜色并居中对齐，正文文本设置为较小的字号、合适的颜色并左对齐。

还可以根据需要，在版式中添加图片、图表、形状等元素。单击“插入”选项卡，选择相应的元素类型进行插入。例如，为了使页面更具吸引力，可以在版式中插入与主题相关的图片或装饰性形状，并调整其大小和位置。

4. 插入多媒体素材

将光标定位到需要插入课文朗读音频的幻灯片中，单击“插入”菜单栏，选择“音频”，如图 3-39 所示。在弹出的“插入音频”对话框中，找到课文朗读音频文件所在的位置，选中文件后单击“打开”按钮。插入音频后，会在幻灯片中出现一个音频图标，可以调整图标的位置和大小。同样，单击“插入”菜单栏中的“图片”，插入古诗配图，调整图片的大小和位置，使其与教学内容相匹配。

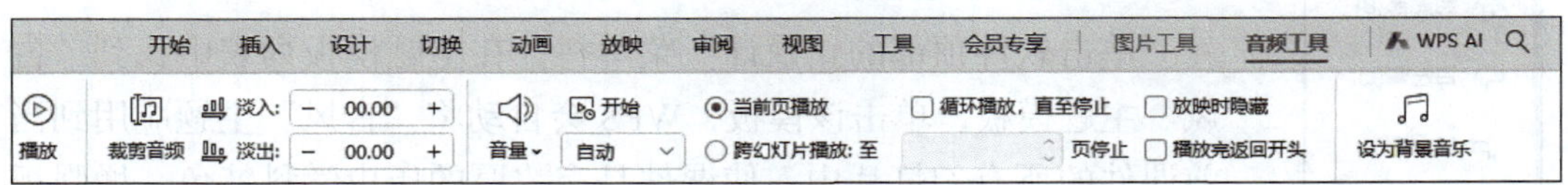

图 3-39 音频编辑工具

3.3.3 幻灯片设计与美化

案例：美化历史课件

1. 使用文本框和图片排版

在幻灯片中，单击“插入”菜单栏，选择“文本框”，根据内容需求绘制多个文本框。在文本框中输入历史事件的相关内容，如时间、地点、事件经过等。然后单击“插入”菜单栏中的“图片”，插入历史地图图片。调整文本框和图片的大小、位置，使文本框分块展示内容，与历史地图图片相互搭配，增强视觉效果，如图 3-40 所示。

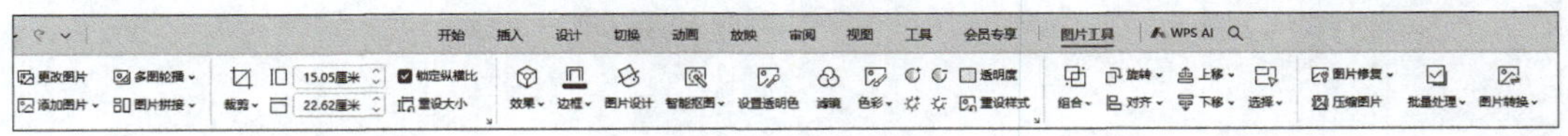

图 3-40 图片工具

2. 添加动画效果

选中表示时间轴的元素，如用线条和文本框制作的时间轴。单击软件顶部的“动画”菜单，在众多动画效果中选择“擦除”动画，如图 3-41 所示。此时，时间轴元素周围会出现动画编号标识，表示已添加动画效果。将动画属性设置为“自左侧”，如图 3-42 所示。单击“动画窗格”按钮，在右侧弹出的动画窗格中，可以对动画进行详细设置。将“开始”方式设为“单击时”，表示在播放幻灯片时，单击鼠标才会触发该动画；“持续时间”设为 2 秒，让动画播放速度适中，“延迟时间”设为 0 秒，即不需要延迟直接播放。调整“开始”方式（如“上一动画之后”）和延迟时间，实现历史事件按时间顺序逐步展示的效果，如图 3-43 所示。

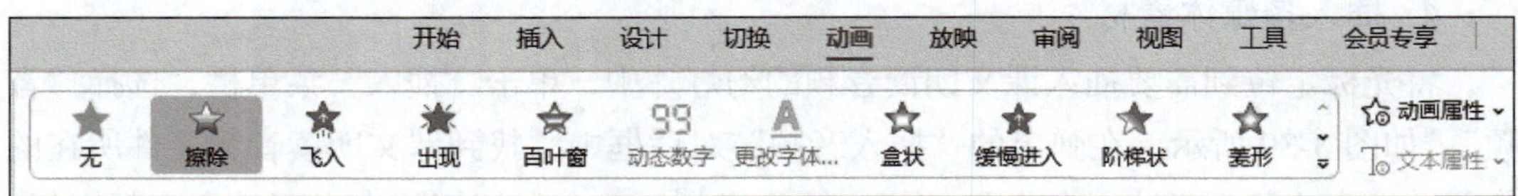

图 3-41 动画选项卡

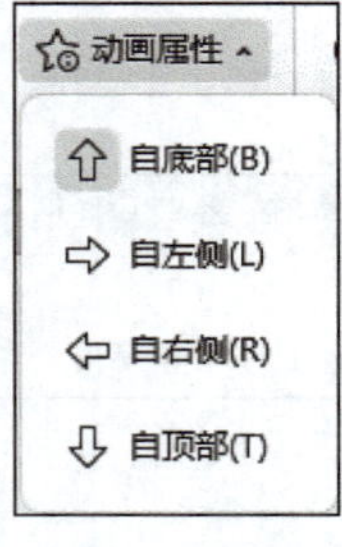

图 3-42 动画属性

3. 应用主题模板

单击软件顶部的“设计”菜单栏，在主题模板列表中找到“古风”主题模板，单击该模板，WPS 会自动将“古风”主题应用到当前课件的所有幻灯片中，使课件具有浓厚的历史学科特色，增强视觉吸引力。

4. 幻灯片背景设置

若只想设置单张幻灯片背景，在左侧幻灯片缩略图中选中该幻灯片；若要设置多张幻灯片，按住“Ctrl”键依次单击需设置的幻灯片；若设置全部幻灯片背景，无须选择特定幻灯片。单击“设计”选项卡，找到“背景”，单击其下拉箭头，出现“渐变填充”“更多渐变”“背景填充”等选项。单击“背景填充”，弹出“对象属性”对话框，如图3-44所示。

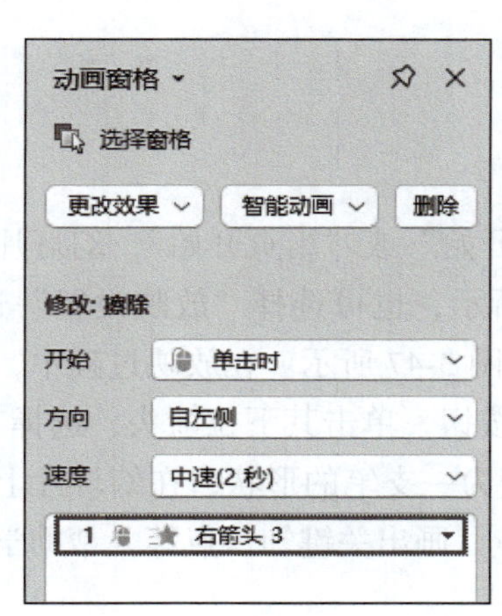

图3-43　动画窗格

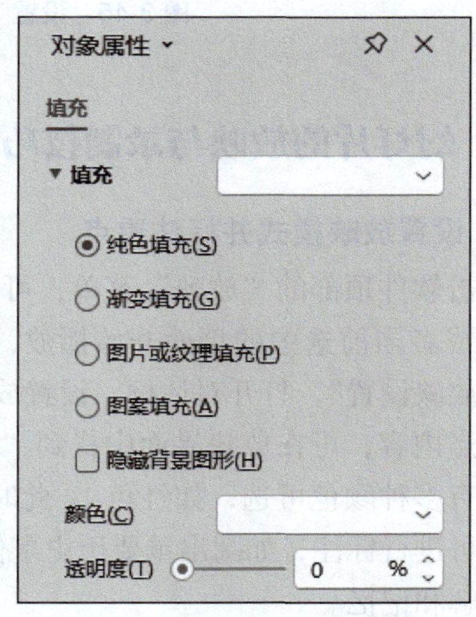

图3-44　幻灯片填充对象属性

若选择纯色背景，在“填充”下拉菜单中，直接选择所需颜色即可应用到所选幻灯片。若选择“渐变填充”选项卡可设置渐变颜色、方向、变形效果；“图片或纹理填充”选项卡提供多种纹理样式，如大理石、信纸等；“图片或纹理填充”选项卡下的“图片填充”选项可选择本地图片作为背景，单击“选择图片”找到图片文件，确定后返回“填充效果”对话框再单击“确定”按钮，所选幻灯片即应用相应背景效果；“图案填充”选项卡能选择不同图案填充，并设置前景色和背景色。

5. 幻灯片切换

单击“切换”选项卡，切换功能区出现多种切换效果选项及相关设置参数。在“切换效果”中，单击不同切换效果（如“推入”“淡出”“旋转”等）的缩略图进行预览，即可应用到当前选中幻灯片。若要应用到所有幻灯片，单击“全部应用”按钮。

选择切换效果后，可设置相关参数。“效果选项”能调整切换方向、方式等，如“推出”效果可选择从左侧、右侧、顶部或底部推入；设置“速度”控制切换动画播放时长；“声音”下拉菜单选择切换时的音效，如无声音、鼓掌、风声等；“自动换片”勾选后设置间隔时间，实现自动切换，取消勾选则需手动单击切换，如图3-45所示。

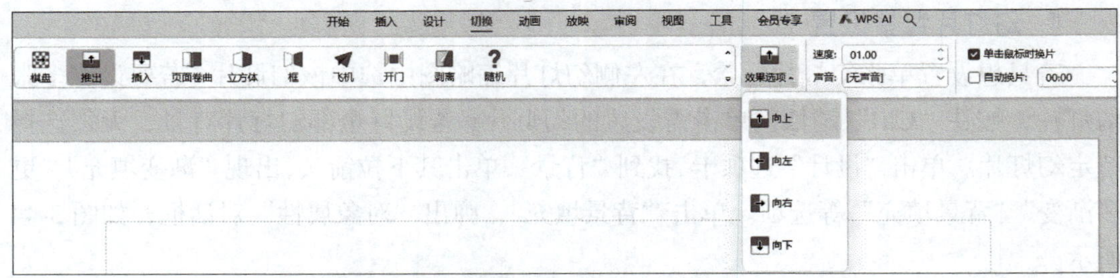

图 3-45　设置“推出”效果并调整参数

3.3.4　幻灯片的放映与录制技巧

1. 设置放映模式并标注重点

单击软件顶部的“放映”菜单，可选择“从头开始”或“当页开始”，幻灯片即从第一页或者当前选中的页面开始播放，如图 3-46 所示，也可选择“放映设置”选项，单击“放映设置”，打开对话框，设置放映方式，如图 3-47 所示。在放映过程中，若要标注重点内容，可在放映界面中找到“指针选项”按钮，单击其下拉箭头，选择“笔”工具（有多种颜色可选，如红色）。此时鼠标指针变为一支笔的形状，在幻灯片上拖动鼠标即可进行标注，如圈出重要历史事件的时间节点、画出关键知识点等，帮助学生更好地理解和记忆。

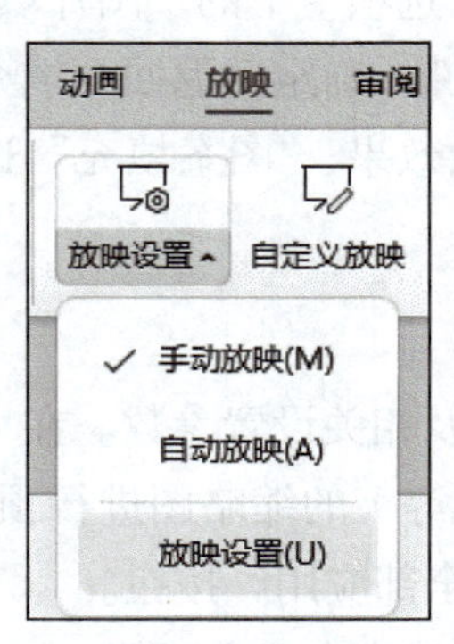

图 3-46　放映设置

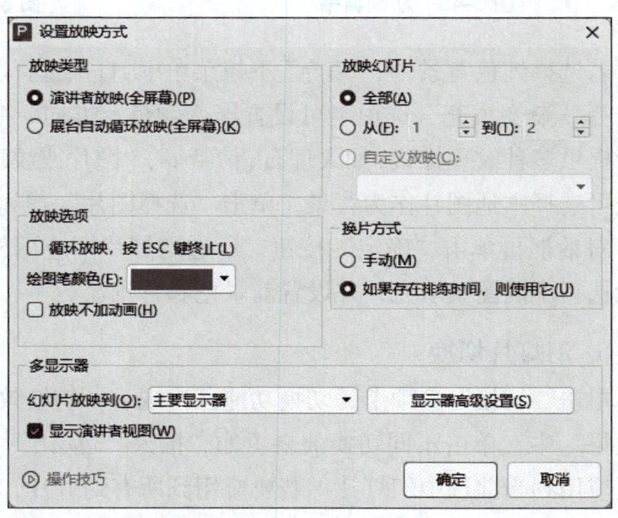

图 3-47　设置放映方式

2. 自定义放映内容

假设针对不同班级学生的学习进度和知识掌握情况，需要在课件中选择不同内容进行放映。单击“放映”菜单中的“自定义放映”按钮，在弹出的“自定义放映”对话框中，单击“新建”按钮，如图 3-48 所示。在“定义自定义放映”对话框中，左侧为课件中的所有幻灯片列表，通过单击“添加”按钮，将需要放映给特定班级的幻灯片添加到右侧“在自定义放映中的幻灯片”列表中，并可通过“上移”“下移”按钮调整顺序，如图 3-49 所示。设置完成后，单击“确定”按钮回到“自定义放映”对话框，选择刚才创建的自定义放映方案，单击“放映”按钮，即可只播放选定的幻灯片内容。

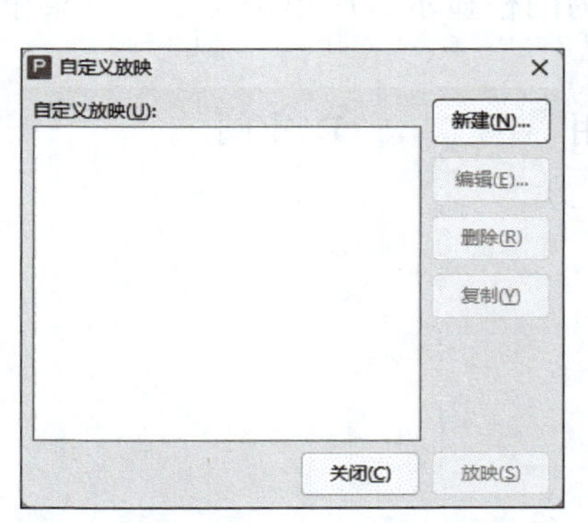

图 3-48　新建自定义放映

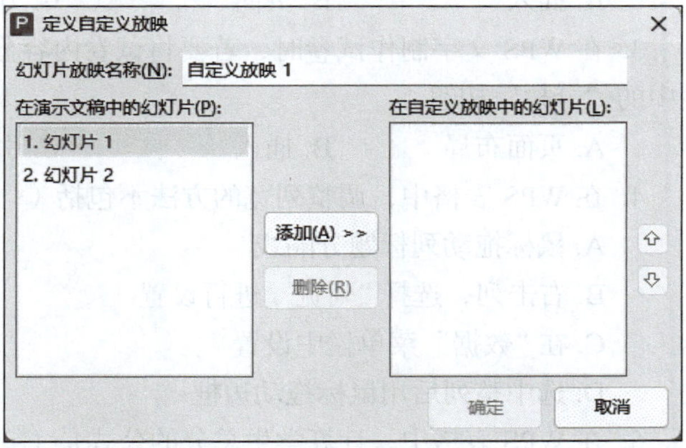

图 3-49　定义自定义放映

3. 录制旁白和计时

单击“放映”菜单中的“屏幕录制”按钮，在弹出的“屏幕录制”对话框中，可选择录制应用窗口或录制屏幕等，如图 3-50 所示。单击“开始录制”后，即可对着麦克风讲述课件内容。在录制过程中，如果需要暂停或继续录制，可以单击录制工具栏中的相应按钮。录制完成后，生成可回放的微课视频。

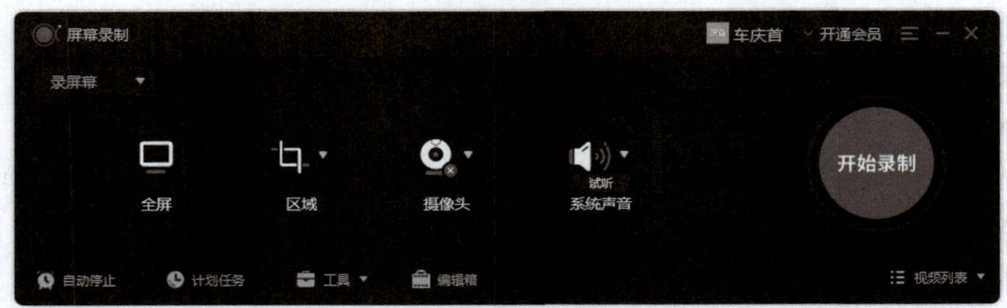

图 3-50　定义自定义放映

3.4　课后习题

1. 在 WPS 文字中，新建空白文档的操作是（　　）。

A. 单击“新建”按钮，选择“文字”→“空白文档”

B. 单击“打开”按钮，选择“空白文档”

C. 单击“保存”按钮，选择“空白文档”

D. 单击“特色应用”按钮，选择“空白文档”

2. 在 WPS 文字中，若要设置标题为“黑体”“二号”“加粗”且字体颜色为“钢蓝，着色 1”，应在（　　）菜单栏中操作。

A. 插入　　B. 页面　　C. 开始　　D. 引用

3. 在 WPS 文字制作试卷时，若要将试卷内容分为两栏显示，应单击（　　）菜单栏中的“分栏”按钮。

A. 页面布局　　B. 插入　　C. 引用　　D. 审阅

4. 在 WPS 表格中，调整列宽的方法不包括（　　）。

A. 鼠标拖动列标题分隔线

B. 右击列，选择“列宽”进行设置

C. 在“数据”菜单栏中设置

D. 选中整列后用鼠标拖动边框

5. 在 WPS 表格中，计算学生总分的公式是（　　）。

A. =AVERAGE（C2:H2）　　B. =SUM（C2:H2）

C. =COUNTIF（C2:H2）　　D. =SUMIF（C2:H2）

6. 在 WPS 演示中，新建幻灯片的操作可以通过（　　）实现。

A. 在幻灯片缩略图区域右击，选择“新建幻灯片”选项

B. 单击“设计”菜单栏中的“新建幻灯片”按钮

C. 单击“动画”菜单栏中的“新建幻灯片”按钮

D. 单击“放映”菜单栏中的“新建幻灯片”按钮

7. 在 WPS 演示设计语文课件时，为使标题与正文区分开，突出重点内容，可运用（　　）原则。

A. 重复　　B. 对齐　　C. 对比　　D. 亲密性

8. 在 WPS 演示中，若要设置幻灯片背景为纯色，应在（　　）选项卡中操作。

A. 插入　　B. 设计　　C. 切换　　D. 动画

9. 在 WPS 演示放映过程中，若要标注重点内容，应选择指针选项中的（　　）工具。

A.“笔”　　B.“橡皮擦”　　C.“箭头”　　D.“荧光笔”

10. 在 WPS 表格中，使用 VLOOKUP 函数查找数据时，“FALSE”表示（　　）。

A. 模糊匹配　　B. 精确匹配　　C. 近似匹配　　D. 随机匹配

第 4 章 信息化教学资源与工具

在科技浪潮席卷全球的当下，教育领域正经历着前所未有的变革，信息化教学资源与工具成为推动这场变革的核心力量，它们宛如一把把神奇的钥匙，为我们打开了通往全新教育世界的大门。

信息化教学资源丰富多样，从生动有趣的在线课程、海量权威的电子图书，到直观形象的虚拟实验室、真实鲜活的教学案例，应有尽有。这些资源跨越了时空限制，让优质教育触手可及。而信息化教学工具更是强大，智能教学软件助力精准教学，互动平台激发师生深度交流，大数据分析精准诊断学情……它们不仅改变了知识的呈现方式，更重塑了教学的模式与流程。对于教育者而言，合理运用这些资源与工具，能让课堂焕发出新的活力；对于学习者来说，信息化教学资源与工具提供了个性化的学习路径与沉浸式的学习体验。

本章目标

（1）理解文本、图像、视频等资源类型及其教学应用。

（2）掌握国家平台、在线课程及学术数据库的资源检索技巧。

（3）掌握课件制作、思维导图、视频编辑等工具的基本功能。

（4）结合资源与工具，设计线上线下融合的教学流程。

（5）分析资源与工具对教学效果的影响，提出改进建议。

4.1 信息化教学资源概述

4.1.1 信息化教学资源的概念

信息化教学资源是指以信息技术为基础和核心，经过数字化处理或再加工制作，可在多媒体计算机与网络环境下运行，用于支持教和学活动的学习材料、学习工具和交流工具等资源。

信息化教学资源是为教学目的而专门设计或服务的各类资源，是信息技术与教育教学深度融合的产物。它依托现代信息技术手段，对传统教学资源进行数字化改造和升级，突破了时间和空间的限制，使教学资源的获取、存储、传输和使用更加便捷高效，为教学活动提供了丰富的素材和多样化的支持手段。

4.1.2 信息化教学资源的类型及特点

1. 信息化教学资源的类型

信息化教学资源类型丰富多样，依据不同的分类标准可进行多维度划分，以下从资源载体、功能用途、应用场景三个常见角度详细介绍。

（1）按资源载体划分。按资源载体划分的信息化教学资源如表 4-1 所示。

表4-1 按资源载体划分的信息化教学资源

类 型	说 明	示 例
文本类	以文字形式呈现的教学资料，能系统、准确地传达知识信息，是教学活动中最基础、最常用的资源类型	电子教材、学术论文、教案、电子教案、教学大纲、学习指南、电子笔记、在线文档（如腾讯文档中的教学资料）
图像类	通过视觉图像传递信息，具有直观、形象的特点，能帮助学生更好地理解和记忆抽象概念	教学图片（如历史事件照片、生物细胞结构图）、图表（柱状图、折线图、饼图）、漫画、思维导图（梳理知识体系）
音频类	以声音形式呈现，可用于听力训练、语言学习、营造学习氛围等，方便学习者在多种场景下使用	英语听力材料、有声读物（如喜马拉雅平台上的名著讲解）、音乐素材（用于音乐教学或背景音乐）、教师讲解录音
视频类	综合了图像、声音等多种元素，能生动、真实地展示教学内容，增强学习的趣味性和吸引力	教学视频（如慕课、微课）、实验演示视频、纪录片（用于地理、历史等学科教学）、动画视频（如科普动画解释物理原理）
动画类	通过动态画面模拟事物的发展变化过程，将抽象的知识形象化，降低学习难度	三维动画演示分子结构、化学实验反应过程，二维动画讲解数学几何变换
软件类	具有特定功能的计算机程序，可辅助教学或学习活动，提高教学效率和学习效果	学科教学软件（如几何画板用于数学几何教学）、模拟实验软件（化学虚拟实验室）、在线测试系统、学习管理系统（如 Moodle 平台）
课件类	整合多种媒体元素，按照一定的教学逻辑和流程设计的教学演示程序，是教师常用的教学工具	PPT 课件、Flash 课件、HTML5 课件（可在多种设备上流畅播放）
虚拟现实/增强现实类	利用虚拟现实（VR）和增强现实（AR）技术，为学生创造沉浸式或虚实结合的学习环境，增强学习的互动性和体验感	VR 历史场景重现（如体验古代战争）、AR 生物解剖教学（通过手机或平板查看生物器官的 3D 模型）

（2）按功能用途划分。

① 课程讲授类。

在线课程：涵盖各学科系统课程，学生可自主选择学习，如网易云课堂上的编程课程，有完整教学视频、练习和作业。

教学视频：针对特定知识点或教学环节录制的视频，如数学解题技巧视频，时长短、重点突出。

② 练习测试类。

在线题库：提供大量练习题和测试题，支持自动组卷、评分和分析，如粉笔网题库，涵盖多种考试题型。

模拟考试系统：模拟真实考试环境和流程，帮助学生熟悉考试形式和节奏，如公务员考试模拟系统。

③ 学习工具类。

学习软件：如词典软件（有道词典）、思维导图软件（XMind），辅助学生查询资料、整理知识。

在线笔记工具：如印象笔记、OneNote，方便学生记录学习心得、整理课堂笔记。

④ 教学管理类。

教务管理系统：处理课程安排、学生选课、成绩管理等教学管理事务，提高管理效率。

教学资源管理平台：集中管理和共享教学资源，方便教师获取和使用，促进资源优化配置。

（3）按应用场景划分。

① 课堂教学场景。

课堂演示素材：包括 PPT、教学视频、动画等，辅助教师讲解，使抽象知识直观化，如讲解物理电路时用动画展示电流走向。

课堂互动工具：如在线投票工具（腾讯问卷）、小组讨论平台（钉钉分组讨论），增加师生之间和学生之间的互动，提高学生参与度。

② 自主学习场景。

电子书籍与文献：通过电子图书馆、在线数据库获取，拓宽知识面，如知网上的学术论文。

学习社区：如知乎、豆瓣小组，学生可交流学习经验、讨论问题，形成学习共同体。

③ 实践教学场景。

虚拟仿真实验平台：模拟危险或昂贵的实验，如化工虚拟仿真工厂，学生可进行化工生产流程操作练习。

实训软件：针对特定技能培养，如会计电算化实训软件，让学生在模拟场景中提高技能水平。

④ 教学评价场景。

学习分析工具：分析学生学习行为数据，如在线学习平台的成绩分析、学习时长统计，为教学改进提供依据。

评价量表软件：用于制定和实施教学评价量表，如教师教学质量评价量表，方便量化评价。

2. 信息化教学资源的特点

信息化教学资源以其数字化与多媒体化、共享性与开放性、交互性与动态性等特点，深刻改变了传统教育模式，为教育创新提供了强大支持。其特点主要体现在以下几方面。

（1）数字化与多媒体化。

数字化存储：以二进制代码形式存储，可便捷地通过计算机、网络等设备进行编辑、传输和共享，突破了传统资源在物理空间和时间上的限制。例如，电子教材可随时更新内容，学生无须等待新版本印刷。

多媒体呈现：融合文本、图像、音频、视频、动画等多种形式，使教学内容更生动直观。例如，在生物教学中，通过三维动画展示细胞分裂过程，帮助学生理解抽象概念。

（2）共享性与开放性。

资源易共享：依托网络平台，资源可快速传播和重复使用，实现全球范围内的共享。例如，公开课平台（Coursera、中国大学 MOOC 等）汇聚了大量优质课程，学习者可免费或低成本获取。

开放教学资源（Open Educational Resources，OER）：遵循开放授权协议，允许用户自由使用、修改和分发。例如，MIT 开放课程项目为全球教育者提供了可改编的教学材料，促进了教育公平与创新。

（3）交互性与动态性。

人机交互：支持用户与资源实时互动，例如，在虚拟实验室中，学生可操作仪器完成实验，系统即时反馈结果，提升学习参与度。

动态更新：资源内容可随知识更新、技术发展或教学需求实时调整。例如，编程教学平台 Codecademy 会同步更新课程内容，确保与行业技术同步。

（4）可扩展性与个性化。

模块化设计：资源可拆分为独立模块，便于组合和扩展。例如，在线课程平台提供章节化内容，教师可根据课程需求灵活选择。

个性化学习：通过智能算法分析学习者行为，提供定制化学习路径和资源推荐。例如，智能辅导系统 Knewton 可根据学生答题情况调整题目难度和内容。

（5）便捷性与高效性。

随时随地获取：学习者可通过移动设备（手机、平板等）随时随地访问资源，适应碎片化学习需求。例如，利用“得到”App 在通勤时收听知识音频。

高效管理：资源可通过数据库、云平台集中管理，支持快速检索、分类和标注，提升教学效率。例如，教师可通过资源管理平台快速找到所需课件，减少重复劳动。

（6）智能化与虚拟化。

智能辅助教学：利用人工智能技术实现自动批改、智能答疑、学习分析等功能。例如，智能作文批改系统可快速分析学生作文并提供改进建议。

虚拟学习环境：通过虚拟现实、增强现实技术构建沉浸式学习场景。例如，历史教学中利用VR技术重现历史事件现场，增强学习体验。

4.2 信息化教学资源的获取

信息化教学资源的获取途径多样，可通过以下系统性方法高效获取资源，满足学习的需求。

4.2.1 官方与权威平台资源获取

1. 国家教育资源公共服务平台

提供从学前教育到高中教育的全学段资源，支持按年级、教材筛选，涵盖教学设计、课堂实录、课件等，资源权威且免费。

2. 国家中小学智慧教育平台

平台建设了包括德育、课程教学、体育、美育、劳动教育、课后服务、特殊教育、教师研修、家庭教育、教改经验、教材、人工智能教育和地方频道13个版块的教育资源，资源数量翻倍，支持居家学习、线上教学及家庭教育场景。

3. 学科专项资源平台

一师一优课、一课一名师：汇聚全国教师上传的优质教学资源，覆盖学科教育及综合实践活动，支持优课展示与评选。

中小学语文课文示范诵读库：由教育部等联合建设，提供课文示范朗读音频，支持多媒体教学设备播放。

4.2.2 在线课程与开放教育资源

1. 慕课与在线课程平台

学堂在线：清华大学研发的中文MOOC平台，面向全球提供在线课程，支持多学科学习。

爱课程：汇集高校开放教育资源，覆盖本科、高职高专、教师教育等群体，满足不同学习需求。

好慕课：覆盖中小学各学科及专题内容，支持课前预习、课后复习及模拟测试。

2. 开放教育资源联盟

国际开放课件联盟（Open Course Ware，OCW）：推动全球高等教育资源共享，提供世界各地大学优质课程资源。

国内开放教育资源平台：高校与机构通过自建或合作方式，向公众提供免费教育资源。

4.2.3 专业素材与工具资源

1. 多媒体素材平台

站长素材、千图网、摄图网：提供图片、字体、视频等素材，支持课件制作与教学设计。

NOBOOK 虚拟实验室：支持物理、化学、生物等学科虚拟实验，提供交互式实验环境。

2. 教学工具与平台

希沃白板：提供思维导图、课堂活动、学科工具等功能，支持云端资源同步与互动教学。

问卷星：支持试题批量录入、自动阅卷、成绩查询，助力教学评估与反馈。

4.2.4 文献与学术资源

1. 学术数据库

中国知网、Web of Science：提供学术论文、期刊文章及研究成果，支持教育领域深入研究。

国家数字图书馆：联合公共图书馆推出数字阅读平台，提供图书、期刊、报纸等数字资源。

2. 专业教育机构资源

知名教育机构网站：提供线上线下培训课程及教学资料，资源专业且实用。

职业培训网站：针对职业技能提升需求，提供实操案例与培训课程。

4.2.5 社交与社区资源

1. 社交媒体平台

微博、微信公众号：教育工作者分享教学经验与资源链接，支持实时获取最新资源。

哔哩哔哩（B 站）：汇聚课程设计、教学话术等优质内容，适合教师学习与参考。

2. 在线学习社区

知乎、豆瓣小组：用户分享学习心得与资源链接，形成互助共享的学习氛围。

4.3 信息化教学工具

在数字技术重构教育生态的浪潮中，信息化教学工具已成为连接知识传授与学习创新的桥梁，其本质是教育者以技术为杠杆，撬动教学效能与学习体验的双重升级。从传统课堂的“一支粉笔写春秋”到如今“智慧屏幕展乾坤”，工具的迭代不仅承载着教学媒介的变革，更折射出教育理念从“单向输出”向“多维交互”的深刻转型。

资源获取工具（如智能搜索引擎与学术数据库）让教师突破地域与时间壁垒，精准捕捉全球前沿知识；内容创作工具（如课件制作平台与视频编辑软件）支持教师将抽象概念转化为沉浸式学习场景，实现“一课一世界”的个性化设计；思维可视化工具（如动态思维导图与交互式白板）助力学生构建知识网络，培养高阶思维；智能生成工具（Artificial Intelligence Generated Content，AIGC）以算法为笔，自动生成习题、课件甚至教学方案，为教师减负增效。工具真正的意义在于其能否深度嵌入教学场景——解决课堂中的难点、可视化难题、缩短资源开发周期、激活学生主动探究意愿。当教师善用工具重构教学流程，学生借助工具实现“做中学”与“创中学”，教育便从“经验驱动”迈向“数据与创意双轮驱动”的新范式。未来，工具将更懂教学逻辑、更贴近师生需求，成为教育创新不可或缺的“数字伙伴”。

4.3.1 搜索引擎工具

1. 百度搜索

特色功能主要包括百度快照、网页预览、相关搜索词、错别字纠正等。

（1）基础搜索技巧。

① 关键词搜索：在搜索框中输入关键词，百度会返回与这些关键词相关的结果，如图 4-1 所示。

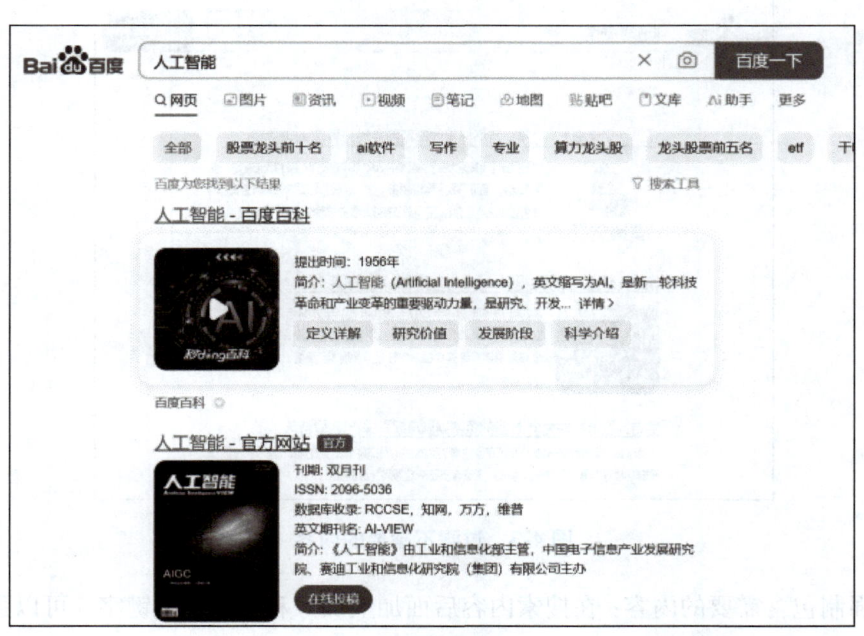

图 4-1 关键词搜索

② 精确匹配搜索：使用双引号将关键词括起来，可以精确匹配完整的短语，如图 4-2 所示。

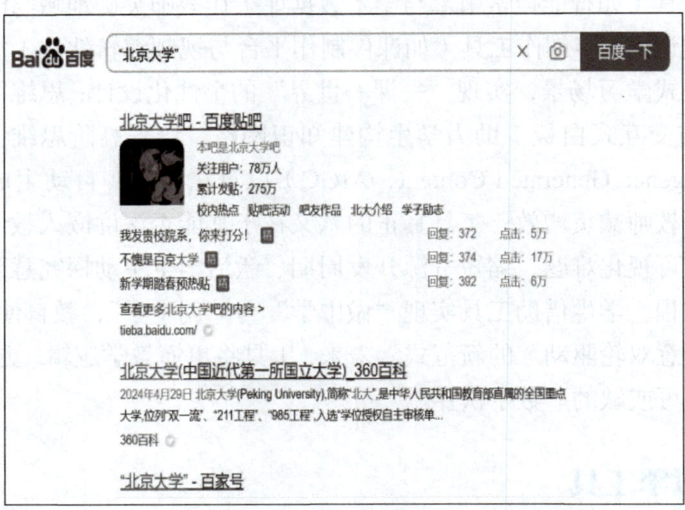

图 4-2 精确匹配搜索

（2）高级搜索技巧。

① 过滤不需要的内容：在搜索内容后面加上减号和需要过滤的关键字，可以过滤掉不需要的内容，如图 4-3 所示。

图 4-3 过滤不需要的内容

② 强制包含需要的内容：在搜索内容后面加上加号和需要的关键字，可以强制令搜索结果中包含这些关键字，如图 4-4 所示。

图 4-4 强制包含需要的内容

③ 模糊匹配搜索：在搜索内容中使用星号（*）可以进行模糊匹配搜索，找到更多相关内容，如图 4-5 所示。

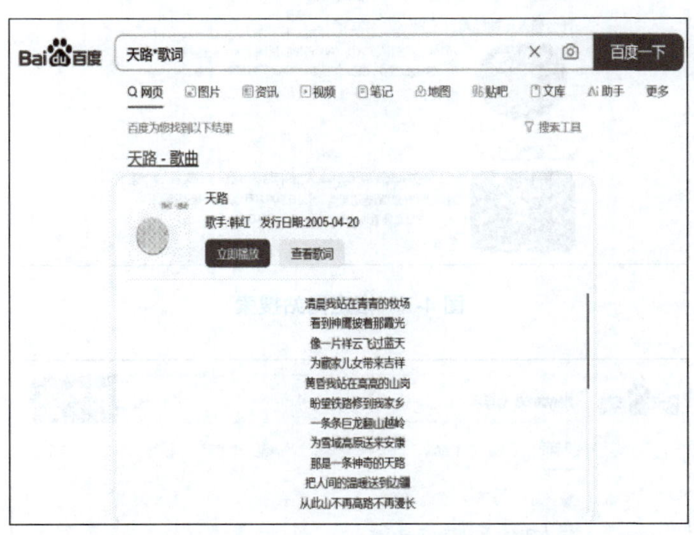

图 4-5 模糊匹配搜索

④ 指定搜索标题：使用“intitle:”加上搜索内容，可以在搜索结果中指定搜索标题，如图 4-6 所示。

⑤ 指定网站搜索：在关键字后面加上“site:”和指定网站域名，可以在指定网站内搜索相关内容，如图 4-7 所示。

⑥ 指定文件类型搜索：使用“filetype:”加上文件类型，可以只搜索特定类型的文件，如图 4-8 所示。

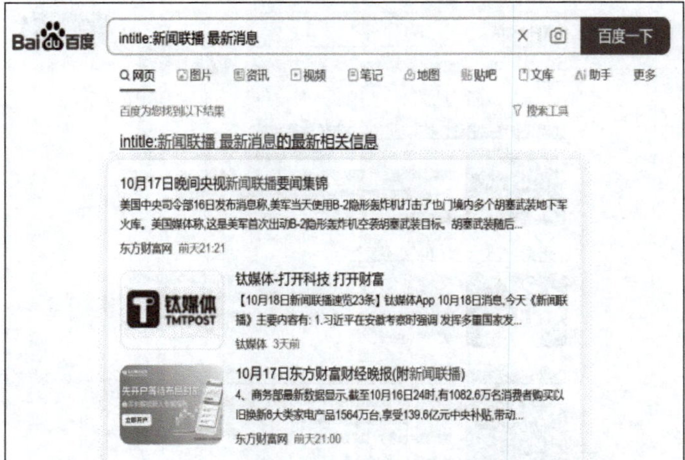

图 4-6　指定搜索标题

图 4-7　指定网站搜索

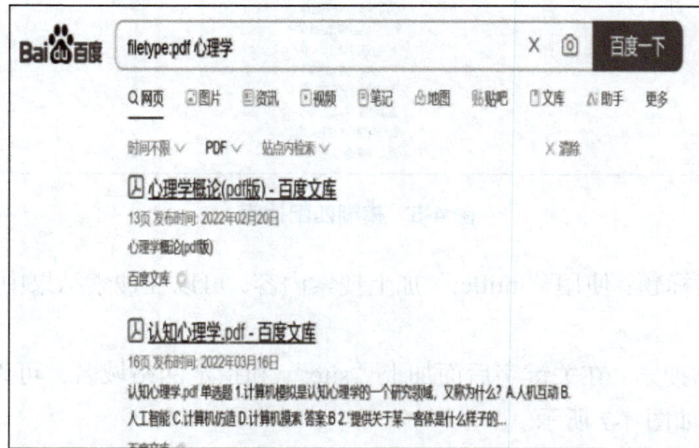

图 4-8　指定文件类型搜索

2. Wolfram Alpha

Wolfram Alpha 是一款基于计算的知识引擎，由 Stephen Wolfram 团队开发，于 2009 年上线。与传统搜索引擎不同，它不提供网页链接，而是直接对用户输入的问题进行计算分析，给出精准答案。其核心优势在于强大的数学、科学计算能力，可处理代数、微积分、线性代数等复杂运算，还能进行物理、化学、工程等多领域问题求解。同时，它支持自然语言输入，能自动识别并解析模糊语义，提供详细的解题步骤、可视化图表及实时数据，是学术研究、学习及专业领域的高效辅助工具，部分基本功能应用如下。

（1）基本数学运算。

加法：输入“2 + 3”，结果为 5；

减法：输入“5 － 2”，结果为 3。

基本数学运算如图 4-9 所示。

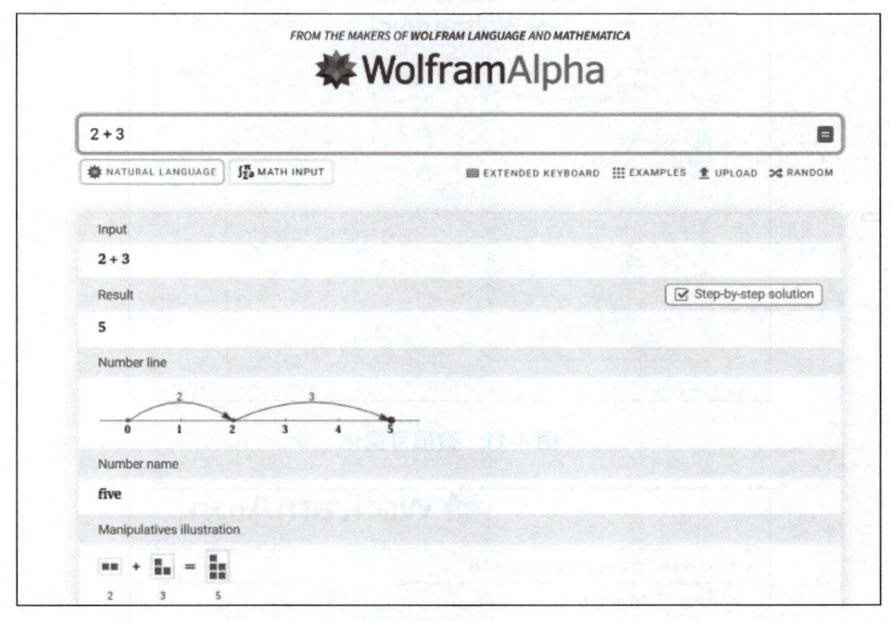

图 4-9　基本数学运算

（2）行列式与矩阵计算。

计算行列式：输入“{{1, 0, 3}, {2, 1, 0}} * {{4, 1}, {−1, 1}, {2, 0}}”，结果如图 4-10 所示。

（3）数据可视化。

绘制统计图表：输入“bar chart {10, 20, 15, 25}”，结果如图 4-11 所示。

（4）绘制散点图。

输入“scatter plot {（1,2）,（2,3）,（3,5）,（4,7）}”，结果如图 4-12 所示。

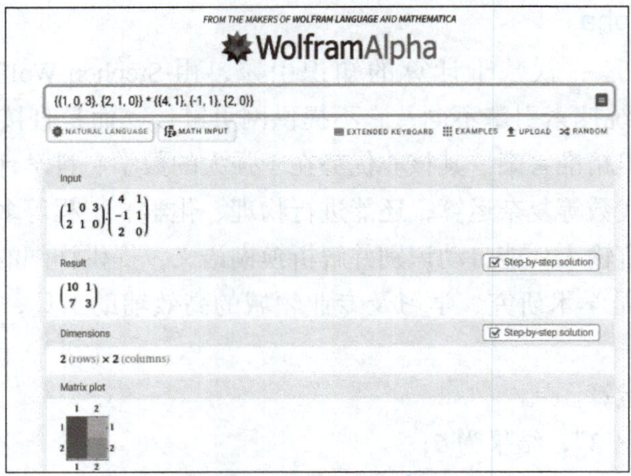

图 4-10　行列式与矩阵计算

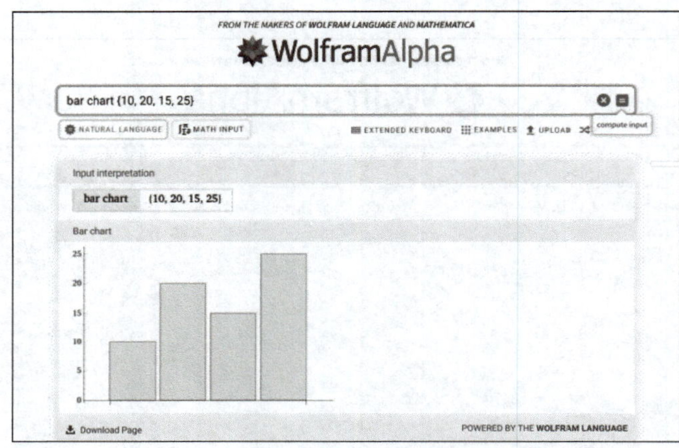

图 4-11　数据可视化

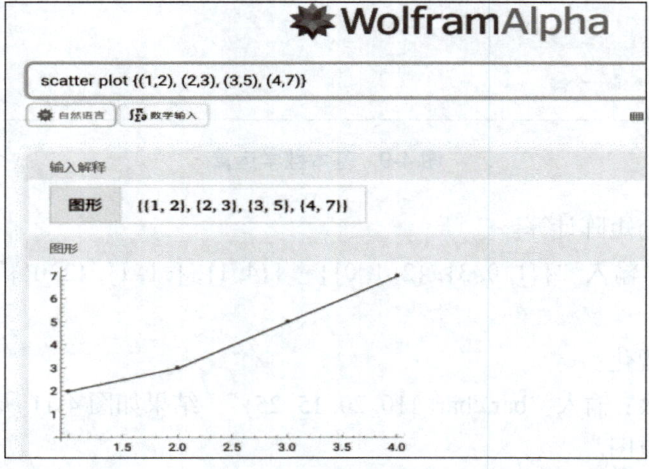

图 4-12　绘制散点图

3. 虫部落

虫部落是一个纯粹的知识、技术搜索和经验分享平台，其核心亮点在于打造了聚合搜索工具并构建活跃社区。平台独家原创的虫部落快搜、虫部落学术搜索等工具，集成了100多个搜索引擎，涵盖搜问题、找图片、听音乐、下文档资料、查代码等多种功能，尤其整合了Google学术、必应学术、百度学术、CNKI等学术资源入口，为学生和科研人员提供一站式学术搜索体验。用户无须在多个搜索引擎间切换，即可通过简洁界面快速获取所需信息，平台还支持精准搜索条件设定，例如，搜狗高级搜索等工具可实现更细化的检索需求。

除搜索功能外，虫部落通过社区支持强化用户互动，用户可在此交流搜索技巧、分享资源使用心得，形成知识共享生态。虫部落平台手机版2.0版本进一步拓展功能，支持问答、关注、推荐、悬赏等模块，覆盖生活、工作、学习等广泛场景，并新增AI使用心得交流版块，使搜索体验与知识交流深度融合，成为用户获取信息与提升技能的高效平台，虫部落主页面如图4-13所示。

图4-13 虫部落主页面

4.3.2 学术搜索

1. 中国知网

国家知识基础设施（National Knowledge Infrastructure，NKI）的概念由世界银行《1998年度世界发展报告》提出。1999年3月，以全面打通知识生产、传播、扩散与利用各环节信息通道，打造支持全国各行业知识创新、学习和应用的交流合作平台为总目标，王明亮提出建设中国知识基础设施工程（China National Knowledge Infrastructure，CNKI），CNKI工程是以实现全社会知识资源传播共享与增值利用为目标的信息化建设项目，由清华大学、清华同方股份有限公司发起，始建于1999年6月，其成果通过中国知网进行实时网络出版传播。目前《中国知识资源总库》（简称《总库》）拥有国内9000多种期刊、700多种报纸、600多家博士培养单位优秀硕士、博士学位论文、几百家出版社已出版图书、重要会议论文、百科全书、专利、年鉴、标准、科技成果、政府文件、互联网信息汇总以及国内外上千个各类加盟数据库等知识资源，知网首页如图4-14所示。

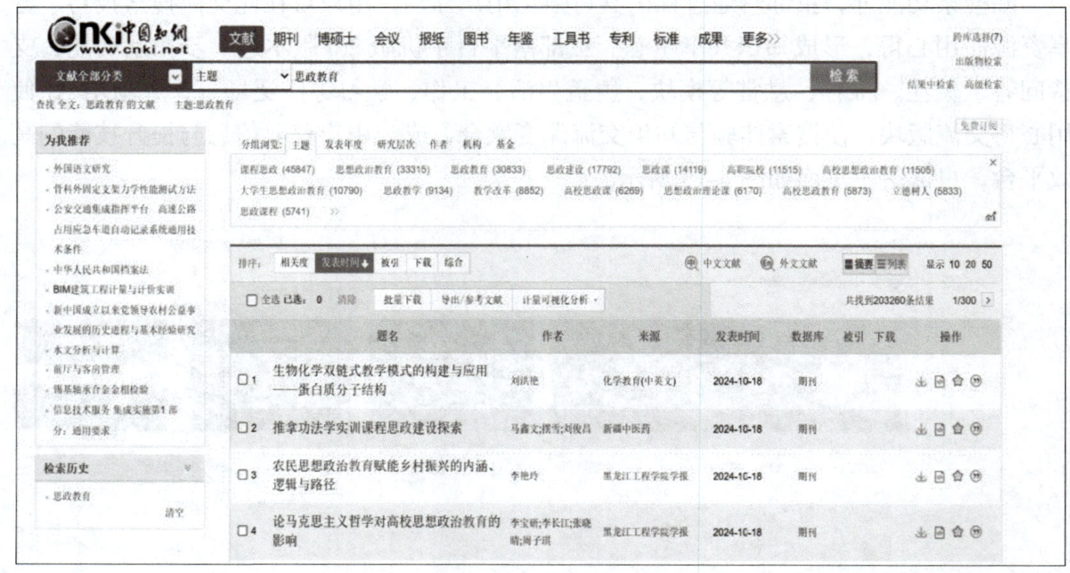

图4-14 知网首页

（1）知网高级检索。

知网高级检索是支持多维度组合查询的精准文献定位工具，其核心功能包括：提供主题、篇关摘、关键词、作者、基金等16项检索字段，支持精确/模糊匹配模式，用户可通过“+”“−”按钮自由组合最多10个检索项，并使用逻辑运算符（AND/OR/NOT）构建复杂检索式。检索控制区支持筛选时间范围、核心期刊库、基金文献等限定条件，并默认使用中英文扩展检索。页面右侧智能推荐同义词/上下位词，辅助扩展检索范围，该功能适用于多学科交叉课题研究，通过字段间优先级运算与结果中二次检索，可快速锁定高质量学术资源，显著提升文献调研效率，高级检索界面如图4-15所示。

（2）导出参考文献。

导出参考文献的步骤如下。

① 打开知网并检索文献：登录中国知网，在搜索框输入论文主题或关键词，通过普通检索或高级检索筛选所需文献。高级检索支持多字段组合（如主题、关键词、作者等），

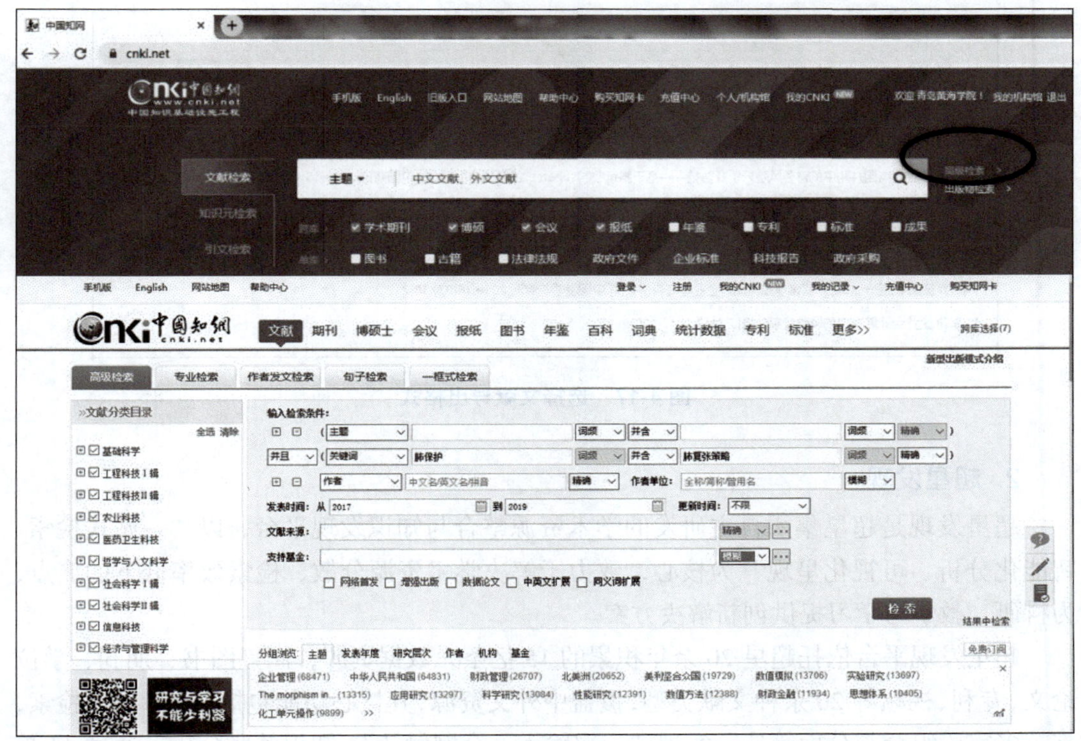

图 4-15　高级检索界面

可精准定位目标文献。

② 勾选目标文献：在检索结果页面，勾选需要导出的文献。支持单篇或批量勾选，勾选后页面右上角会显示已选文献数量，如图 4-16 所示。

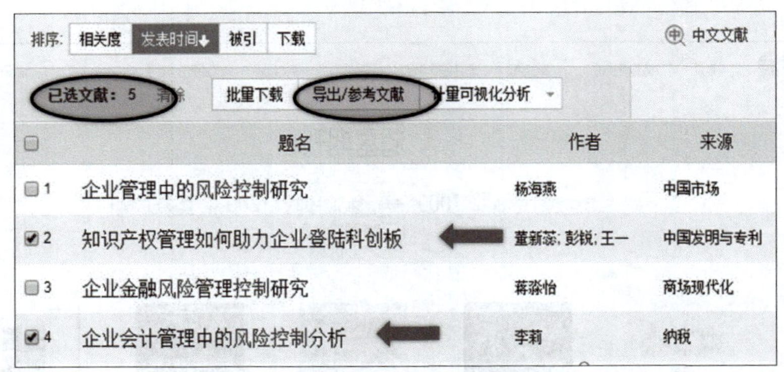

图 4-16　已选文献数量

③ 进入导出页面：单击页面上方的“导出与分析”按钮，选择“导出文献”选项，进入参考文献格式选择页面，选择导出格式，如图 4-17 所示。

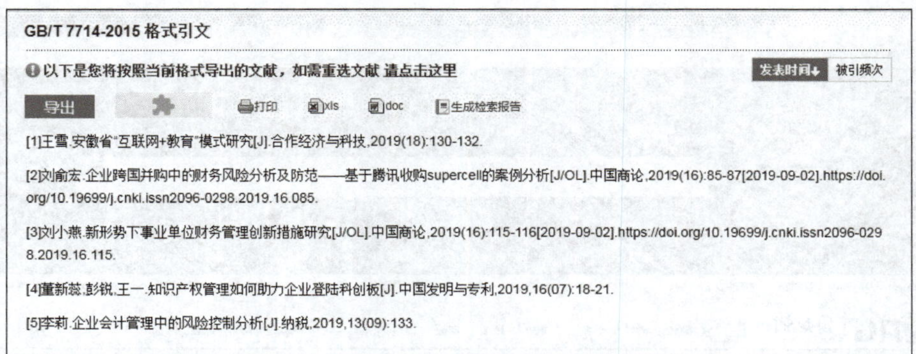

图 4-17　选择文献导出格式

2. 超星发现

超星发现是超星集团自主研发的学术资源整合与知识发现平台，以“一站式检索、智能化分析、可视化呈现”为核心，致力于解决学术资源分散、检索效率低下的痛点，为科研、教学与学习提供创新解决方案。

超星发现平台依托超星 20 余年积累的 15 亿条元数据资源，涵盖图书、期刊、学位论文、专利、视频等 20 余种文献类型，覆盖中外文资源，其核心功能包括：跨库统一检索，支持多字段组合与分面筛选，实现“一次输入、全网触达”；知识关联分析，通过 AI 技术构建学术图谱，可视化呈现作者、机构、知识点间的隐性关联，揭示学术脉络；智能辅助工具，提供文献翻译、机器摘要、查重检测及投稿推荐服务，缩短研究周期。

超星发现已深度嵌入高校图书馆系统，支持个性化资源定制与学科分析报告生成，助力科研选题、文献综述与学术评价，成为教育数字化转型中不可或缺的“智慧引擎”。超星发现首页如图 4-18 所示。

图 4-18　超星发现首页

3. 维普中文期刊

维普网创立于 2000 年，是重庆维普资讯有限公司旗下的中文专业信息服务网站，也是中国最大的综合性文献服务网之一。作为中文期刊数据库建设事业的奠基者，维普网自 1989 年起深耕学术资源领域，整合了超 12 亿条元数据，涵盖期刊论文、学位论文、会议论文、专利、标准等多元资源，学科覆盖自然科学、工程技术、医药卫生、农业科学、哲学、社会科学等全领域。

维普中文期刊平台依托《中文科技期刊数据库》，收录中文期刊 12000 余种、外文期刊 6000 余种，标引数据总量达 1500 万篇，服务用户超 5000 家，包括高校、科研机构及企事业单位，其核心优势在于资源整合能力与检索效率，支持跨库检索、分面筛选及高级组合检索，助力用户快速定位学术文献。此外，维普网提供查重检测、文献计量分析等增值服务，并推出“维普论文检测系统”，成为学术研究与论文写作的重要工具，维普中文期刊平台如图 4-19 所示。

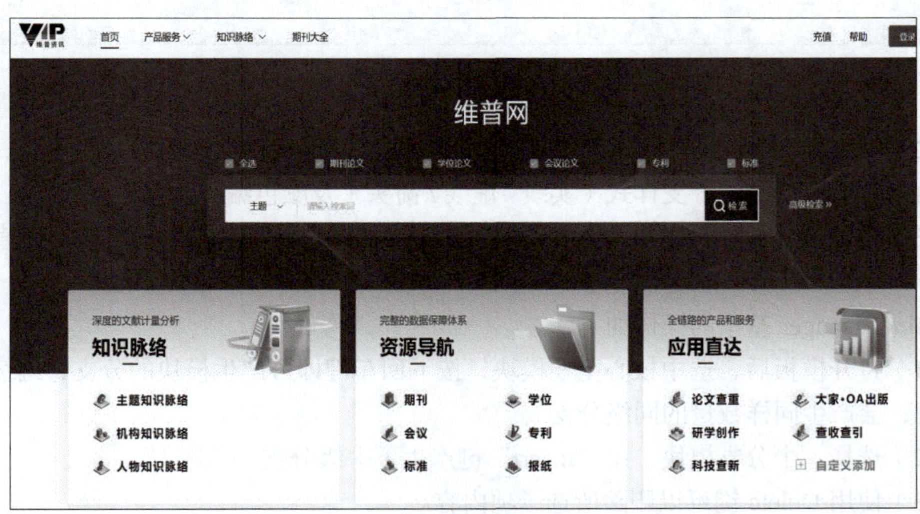

图 4-19 维普中文期刊平台首页

4.3.3 思维导图工具

MindManager 是一款专业的可视化思维导图与项目管理软件，其核心功能通过图形化界面将复杂思维转化为结构化信息。软件以中心主题为起点，支持多层级分支扩展，可整合文字、图片、链接等元素，形成日冕状或树状的知识网络。其典型应用场景涵盖战略规划、产品开发、学习笔记整理及团队协作，MindManager 页面操作如图 4-20 所示。

MindManager 的主要功能体现在以下三方面。

（1）功能集成性：支持思维导图、甘特图、SWOT 分析、鱼骨图等 10 余种图表类型，可一键切换项目视图，实现从头脑风暴到执行落地的闭环管理。

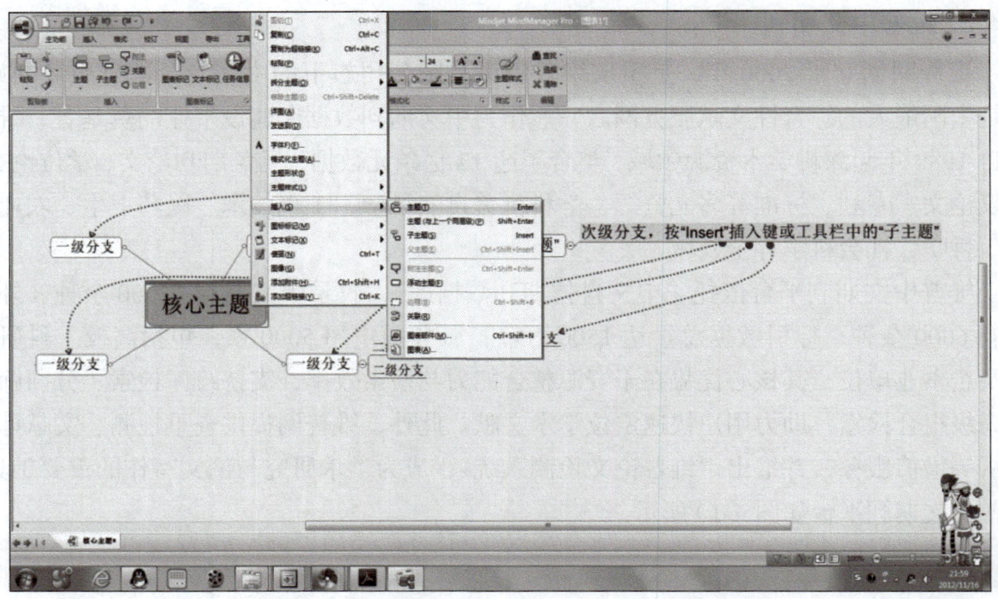

图 4-20　MindManager 页面操作

（2）活的导图结构：支持树状图、鱼骨图、时间轴、组织结构图等多种布局，用户可自由调整节点层级、分支样式（实线 / 虚线 / 箭头）及颜色编码。

（3）智能数据整合：支持与 Microsoft Office、Outlook 等工具无缝对接，可直接导入 Excel 数据生成图表，或导出为 PPT、PDF 等格式，提升跨平台协作效率。

MindManager 基本的操作如下。

（1）打开模板后，选中核心主题模块，按下回车键即可产生模块的分支，继续按下回车键，会产生同样数量的同级分支。

（2）选择一个分支模块，用“Insert”键产生下一级分支。

（3）使用 Delete 键可以删除所选子项内容。

（4）使用“Ctrl+ Enter”快捷键可以实现模块内容分段换行。

（5）看到分支后的圆圈内是“＋”号，说明它还有后续子项，是“－”号说明子项已经打开。

（6）选中一个模块，将其拖曳到任意位置，那么该模块的分支也将一并被挪位。

（7）拖曳模块前的小点，可以调整版面布置，它也会自动布置。

（8）输入、保存等操作可以在页面中实现。

4.3.4　图像处理工具

Photoshop（PS）的核心功能涵盖图像编辑、合成、调色及特效制作，通过图层、蒙版和混合模式实现非破坏性编辑，用户可自由组合多元素构建复杂视觉效果。软件支持 RAW 格式处理与 Camera Raw 滤镜，提供色阶、曲线等高级调色工具，精准控制色彩与光影。智能选择工具结合仿制图章、污点修复画笔，可高效完成瑕疵修复与背景替换。此外，PS 内置丰富的滤镜库并支持第三方插件扩展，满足用户多样化的创作需求。PS 的应用场景覆盖平面设计、摄影后期、UI/UX 设计、数字绘画、影视特效、海报制作和 3D 场景优化等。作为行业标杆工具，PS 凭借强大功能与生态兼容性，持续推动扩展视觉创意边界，Photoshop 操作界面如图 4-21 所示。

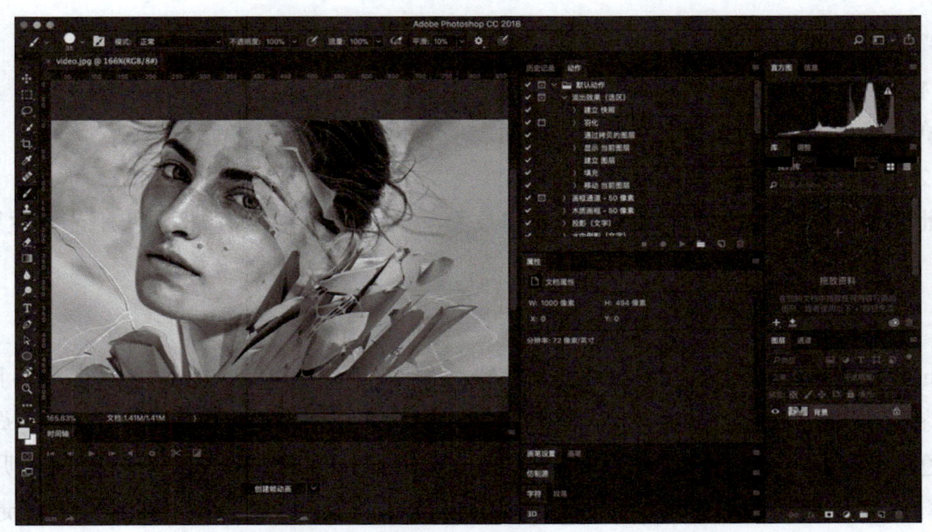

图 4-21 Photoshop 操作界面

PS 实例操作如下。

1. 制作一寸照片

操作目标：熟悉打开、裁剪工具、替换颜色、加深工具、减淡工具、复制图层等操作。

（1）启动 Photoshop CS5 程序。

（2）打开素材文件“证件照 . jpg”，并复制图层。

（3）使用裁剪工具，将其裁剪为宽度为 2.7 厘米、高度为 3.6 厘米、分辨率为 300 像素 / 英寸的图片。

（4）使用颜色替换工具，把蓝色背景替换为红色。

（5）使用加深工具对头发的边缘进行修复。

（6）将文件另存为“一寸照片 . jpg”。

2. 拓展：人像的美容瘦身

（1）打开上例完成后的“一寸照片 . jpg”。

（2）使用污点修复画笔工具，消除人物脸上的痘印和雀斑。

（3）使用液化里的向前变形工具，给人物瘦脸。

（4）使用液化里的膨胀工具，放大眼睛。

（5）使用液化里的褶皱工具，缩小嘴巴。

3. 图片简单处理

（1）打开素材文件“小鸭 .jpg”，并复制图层。

（2）将其左下角的水印“小鸭”去除。

（3）使用魔棒工具，选中背景并删除，并将文件另存为“小鸭 .png”。

4. 美图秀秀

（1）单张图像美化。

单张图片美化工具包括去水印、抠图、美容化妆、文字边框、拼图等。

（2）批量处理照片。

批量处理照片的功能包括加水印、修改大小、添加文字、加边框、使用艺术效果等。

4.3.5 SmoothDraw 工具

SmoothDraw 是一款功能强大的自然绘画与图像处理软件，兼具专业性与易用性，其支持多种可调画笔，涵盖钢笔、铅笔、喷枪等，还有调整照片效果的明暗笔、模糊笔等特色工具，能模拟不同绘画效果。SmoothDraw 具备多重线条平滑反走样、透明处理及多图层能力，支持压感绘图笔，可实现精细绘图。软件界面简洁美观，操作便捷，还支持自由旋转画板，满足多样化创作需求。

1. 菜单栏

在菜单栏中单击某一项可以打开下拉子菜单，在这里都可以找到所有的工具设置，如图 4-22 所示。

图 4-22　菜单栏

2. 快捷工具栏

快捷工具栏有各种不同类型的笔刷供用户选择，包括钢笔、铅笔、喷枪等；此外，还有图章、橡皮、涂抹等辅助工具。单击某个工具按钮使其处于选中状态，同时控制面板也会出现相应变化，快捷工具栏如图 4-23 所示。

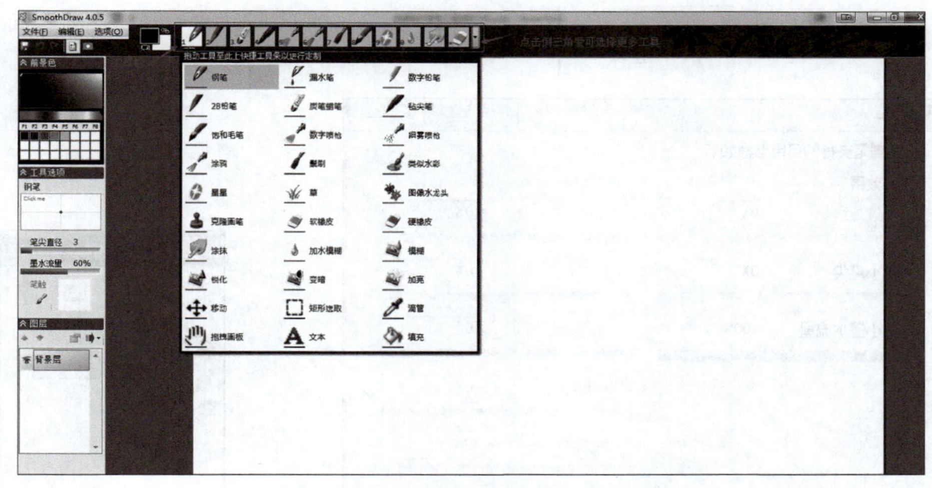

图 4-23 快捷工具栏

3. 控制面板

控制面板包括四部分，分别为景色面板、画笔面板、压感调节和图层。

（1）景色面板：通过手写笔点选前景色面板，可以随意变换笔头颜色，如图 4-24 所示。

（2）画笔面板：可以对笔头的大小、墨水的流量进行控制（注意：使用橡皮工具时，此面板名称变成“橡皮”，同样可以对其大小和浓度进行设置），如图 4-25 所示。

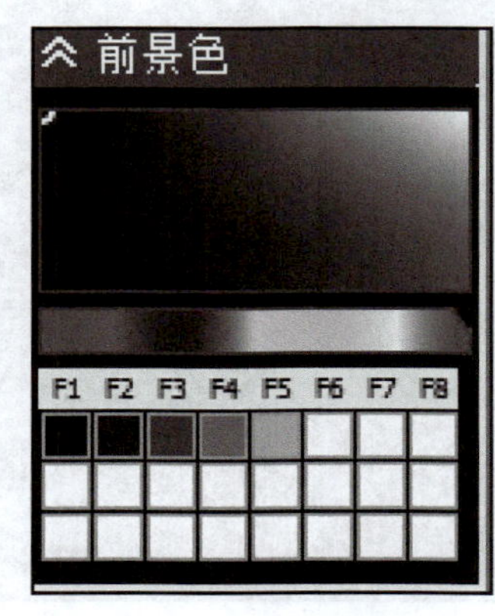

图 4-24 景色面板

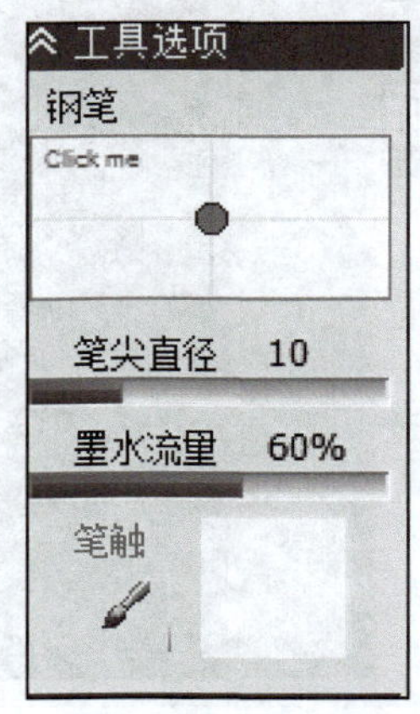

图 4-25 画笔工具

（3）压感调节：单击“笔触”图标，弹出“高级设定”窗口。此面板不常用，常处于灰色状态，如图 4-26 所示。

（4）图层：一般情况下，不建议用户在背景层上直接操作，建议新建另外一个图层，如图 4-27 所示。

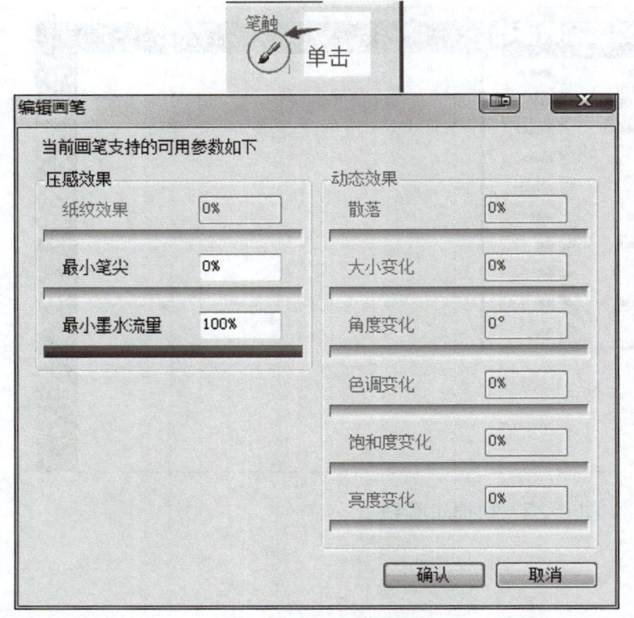

图 4-26　压感调节

图 4-27　图层

控制面板中可以填充多样颜色，背景层可以填充为黑色，模拟在黑板上书写的效果，另外新建的图层上可以使用不同颜色，模仿彩色粉笔的效果，如图 4-28 所示。

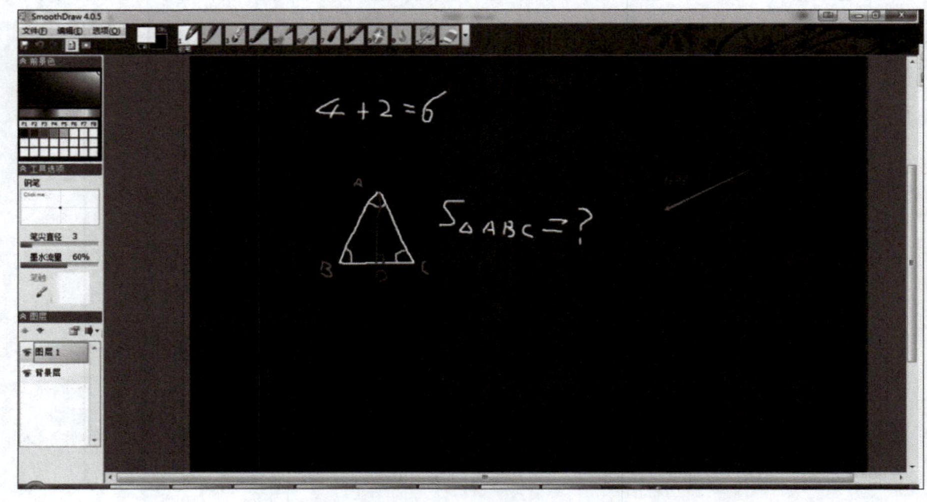

图 4-28　填充黑色模拟黑板效果

4.3.6　视频处理工具

剪映专业版是一款专为视频创作者打造的高效剪辑工具，兼具专业性与易用性，可以满足从新手到进阶用户的多元需求，其核心优势体现在功能集成度与操作体验上：剪映专业版软件支持多轨道视频 / 音频同步编辑，可精准调整画面层级与音频节奏；内置海量滤镜、转场特效及动态贴纸，结合智能抠像、关键帧动画等进阶功能，能快速实现创意视觉效果。AI 智能工具进一步降低创作门槛，语音识别可一键生成字幕并自动对齐时间轴，智能踩点功能则能根据音乐节奏自动匹配画面切换点，大幅提升剪辑效率。

剪映专业版兼容 4K/60fps 高清视频导出，支持主流文件格式的跨平台协作，且与移动端剪映 App 实现草稿互通，方便多设备无缝衔接创作。其素材库持续更新热门音乐、字体及模板，用户无须额外下载即可完成从基础剪辑到高级调色的全流程制作。凭借简洁的交互界面与强大的专业功能，剪映专业版已成为短视频创作者、自媒体博主及小型工作室的主流选择，兼顾高效出片与个性化表达需求。

下面简单介绍剪映专业版的面板。

1. 登录界面

剪映专业版登录界面如图 4-29 所示。

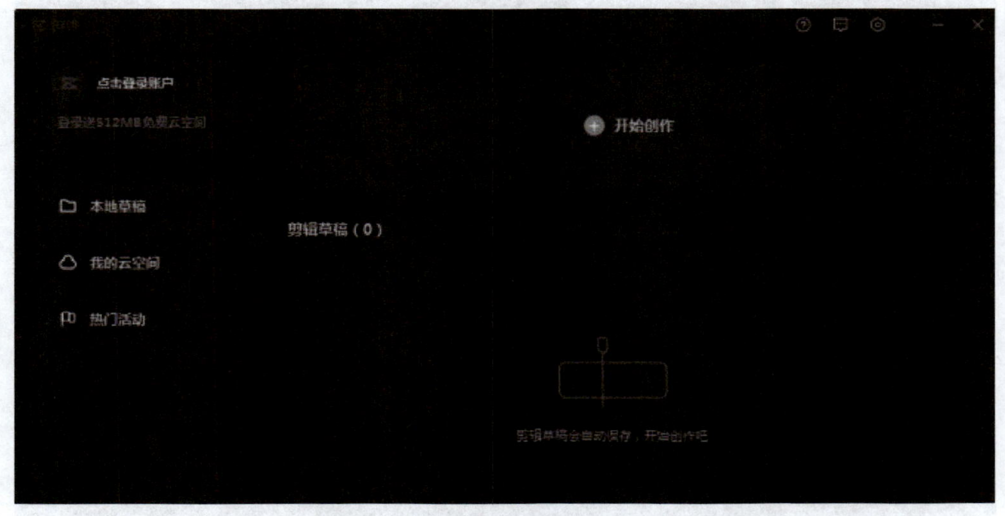

图 4-29　登录界面

2. 音视频编辑界面

在登录界面单击“开始创作”进入音视频编辑界面。

音视频编辑界面分为“素材面板”“播放器面板”“时间线面板”“功能面板”四个区域，如图 4-30 所示。

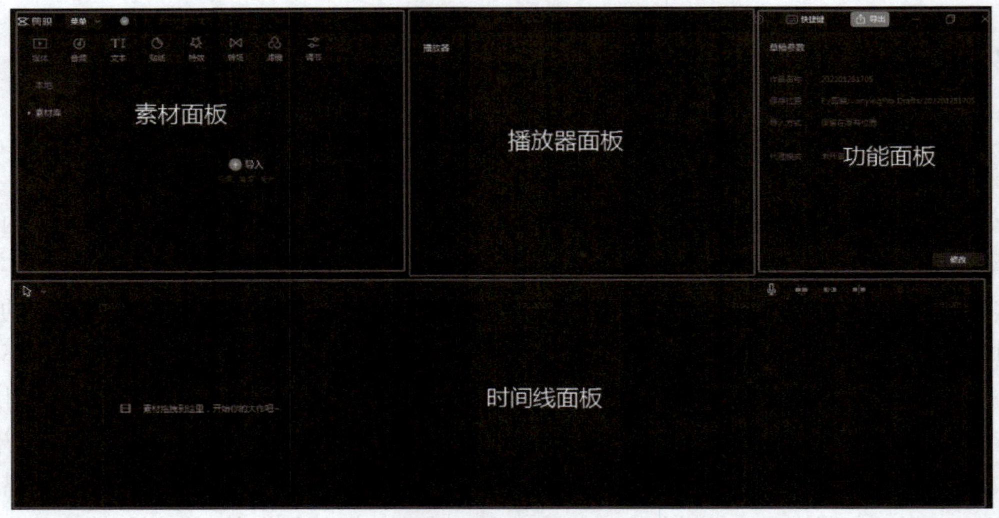

图 4-30　音视频编辑界面

“素材面板”区如图 4-31 所示，主要用于放置本地素材及软件自带的海量线上素材。

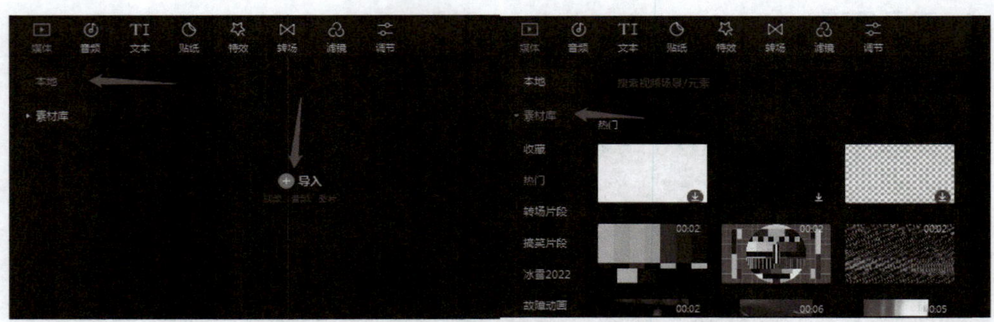

图 4-31　素材面板

在“素材面板”中导入一段素材，在“播放器面板”中可以预览该素材效果，如图 4-32 所示。

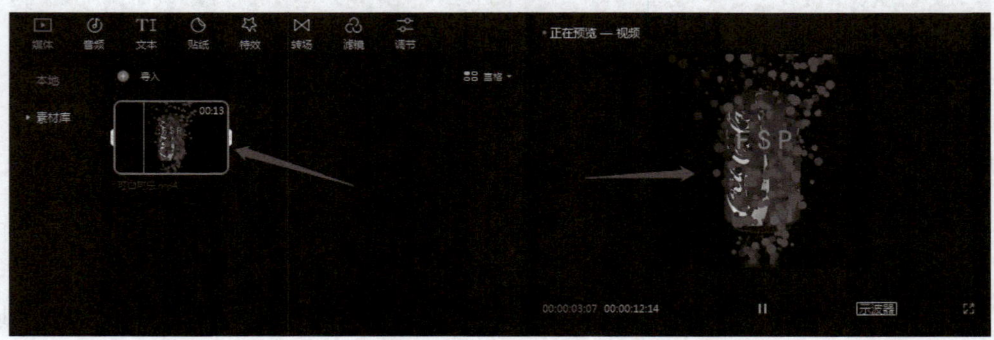

图 4-32　在播放器面板中预览素材效果

也可以在“播放器面板”中预览素材库素材，如图 4-33 所示。

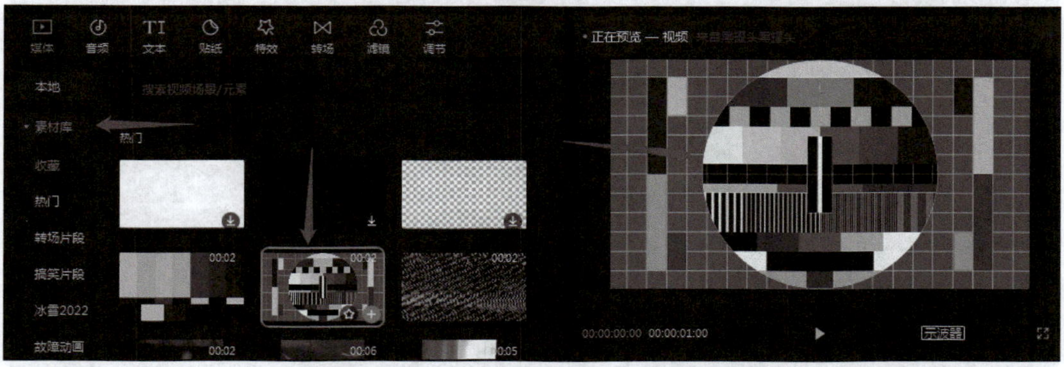

图 4-33　在播放器面板中预览素材库素材

“时间线面板”可以对素材进行基础的编辑操作，如图 4-34 所示。拖动“素材面板”的素材导入到“时间线面板”，即可对素材进行剪辑，例如，拖动左右白色剪裁框，可以裁剪素材；拖动素材可以调整素材的位置及轨道；点亮素材，激活“功能面板”。

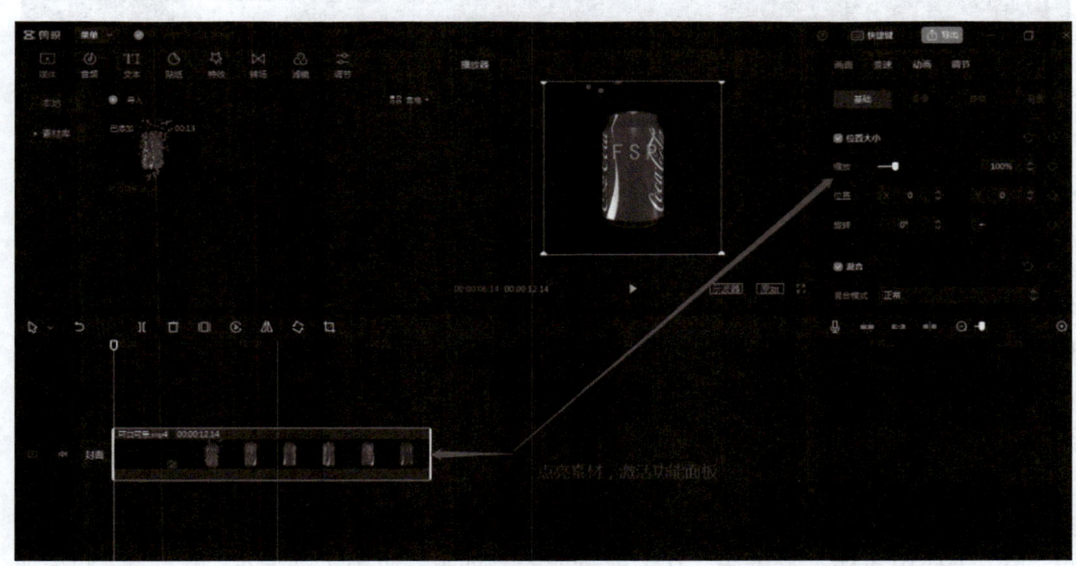

图 4-34　时间线面板

用户可以在“功能面板”中对素材进行放大、缩小、移动和旋转操作，以及调整透明度等操作。

3. 导出视频

素材编辑完成后，单击右上角的“导出”按钮即可实现导出，如图 4-35 所示。

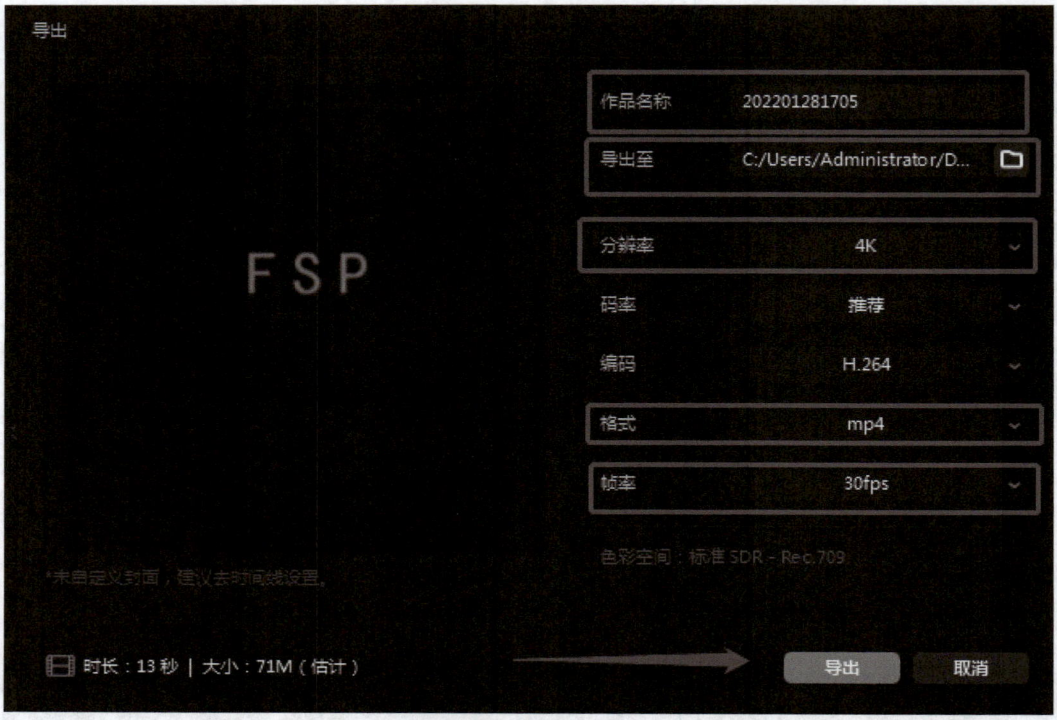

图 4-35　导出视频

4.3.7　课件制作工具

Focusky 在线学习资源

Focusky 是一款免费的傻瓜式动画宣传视频制作软件和演示文稿制作软件，其操作便捷性以及演示效果超越 PPT，主要通过缩放、旋转、移动动作使演示变得生动有趣。Focusky 采用整体到局部的演示方式，以路线的呈现方式模仿视频的转场特效，加入生动的 3D 镜头缩放、旋转和平移特效，使产品像一部 3D 动画电影，给听众视觉带来强烈冲击力。Focusky 在线学习资源可扫描二维码获取。

使用 Focusky 制作课件十分便捷，它提供了海量精美模板，能快速搭建课件框架。通过使用添加文字、图片等功能，以及 3D 缩放、旋转等动画效果，用户可以让内容更生动。Focusky 支持用户插入多媒体，从而能打造交互性强、吸引人的课件。Focusky 制作课件的基本步骤如下。

（1）导入 PPT。

打开 Focusky，单击"导入 PPT 新建项目"，在本地文档中选择一个合适的 PPT，单击"打开"按钮，如图 4-36 所示。

（2）调整页面顺序。

解析与加载 PPT 后，选择需要添加到工程的页面。用户可以根据需要调整页面顺序，然后单击"下一步"按钮，如图 4-37 所示。

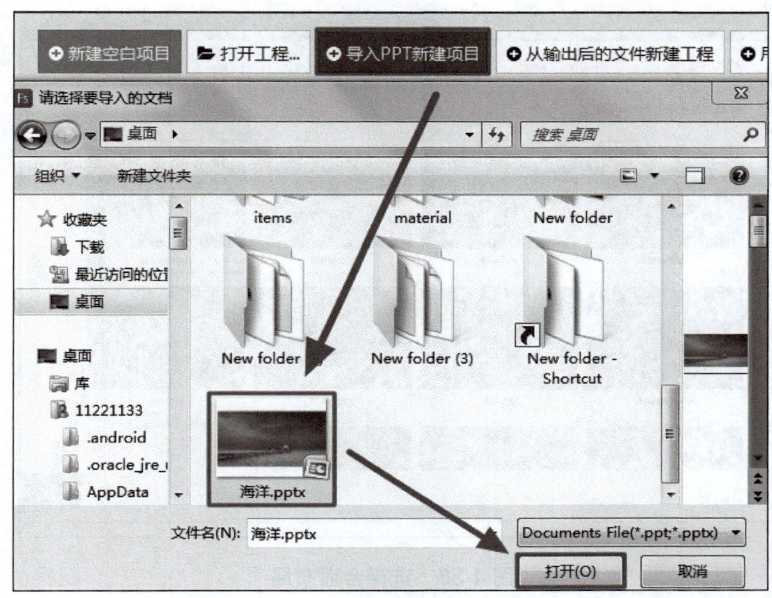

图 4-36　导入 PPT 新建项目

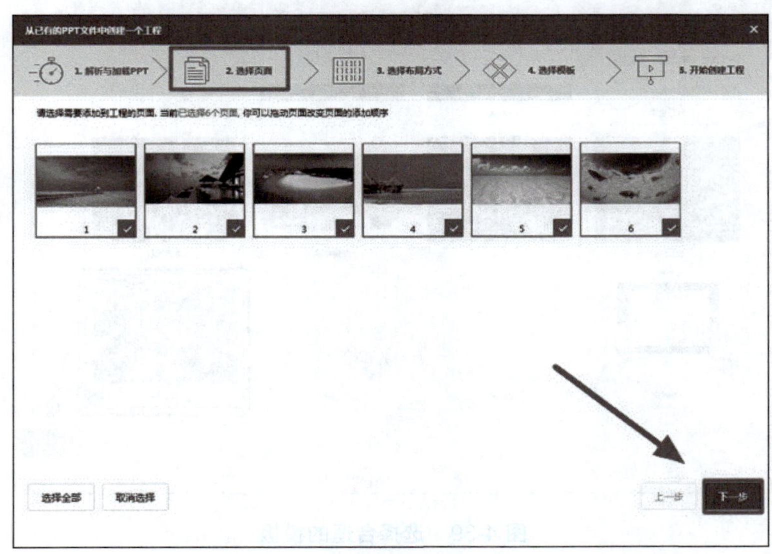

图 4-37　调整页面顺序

（3）选择合适布局。

选择一个合适的布局方式，然后单击“下一步”按钮，如图 4-38 所示。

（4）选择合适的模板。

选择一个模板，然后单击“下一步”按钮。开始创建工程，继而开始创作之旅，如图 4-39 所示。

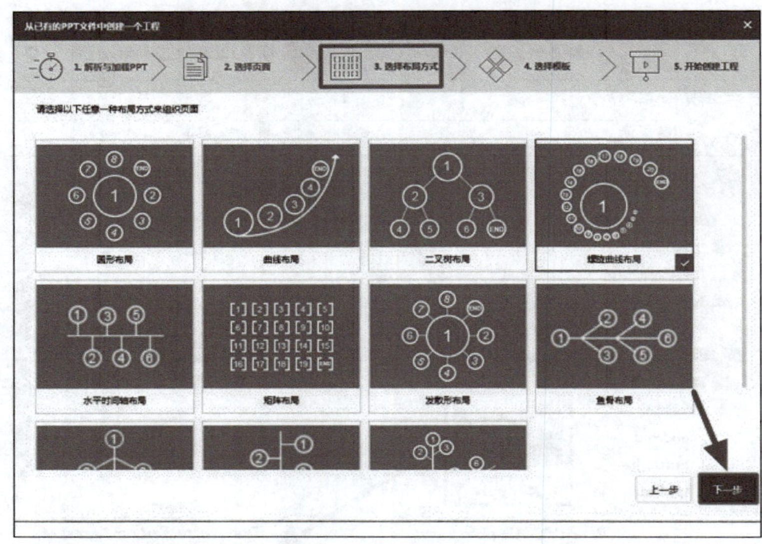

图 4-38　选择合适布局

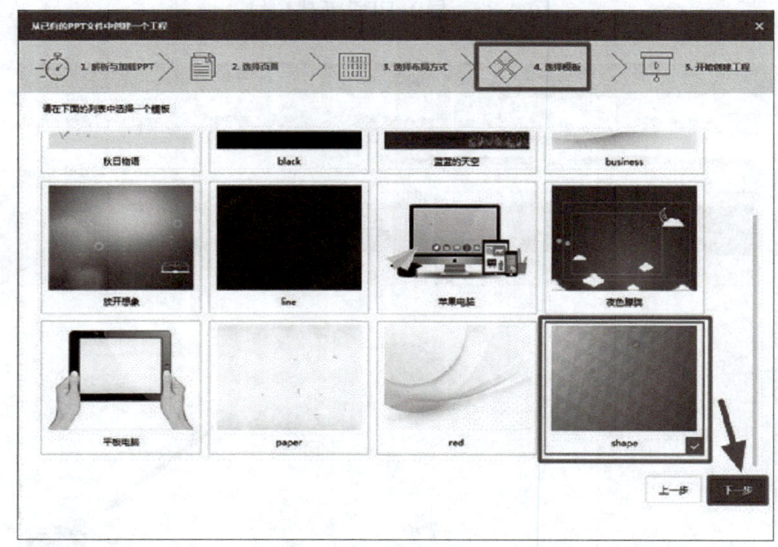

图 4-39　选择合适的模板

（5）制作过程中插入 PPT。

制作过程中，用户如果想添加几张 PPT，可以在 Focusky 中依次单击“文件”→“导入”→“导入 PPT（x）”，然后在本地文件中，选择所需文件并“打开”，如图 4-40 所示。

（6）添加 PPT。

PPT 导入完成后，可在界面右侧“文档”处选择需要添加的 PPT 内容。然后单击该幻灯片，按住鼠标左键并将其拖曳到画板中适当的位置，如图 4-41 所示。新添加的 PPT 默认被添加到整个工程的最后一帧。

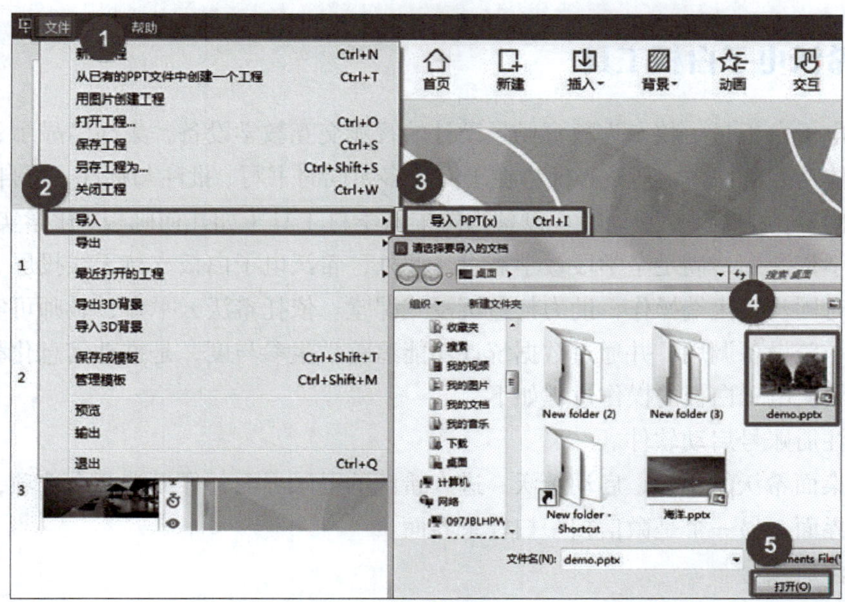

图 4-40　在 Focusky 中插入 PPT

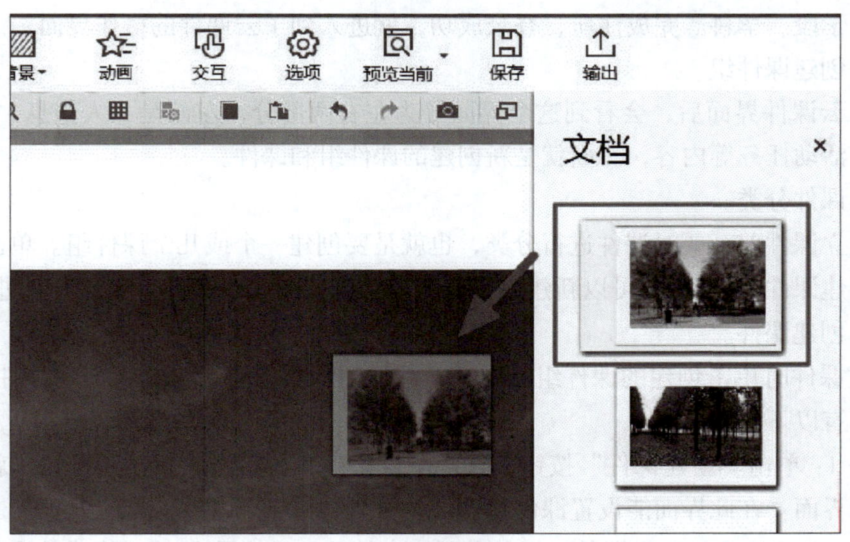

图 4-41　添加 PPT 内容

Focusky 课件制作工具操作便捷且功能强大。用户可以先选模板快速搭建框架，也可以新建空白项目自由创作，通过拖曳方式添加文字、图片、视频等元素，轻松布局画面。其特色在于用户能利用无限缩放、旋转及 3D 镜头切换效果，打造动态视觉体验；还可以借助丰富动画特效、交互功能，如添加超链接、触发动画等，增强课件互动性；完成制作后，能以多种格式导出，如视频、网页等，方便在不同场景下展示与分享，助力用户高效制作出兼具专业性与趣味性的课件。

4.3.8 希沃电子白板工具

希沃电子白板是一款专为教育场景设计的智能交互教学设备，集高清显示、触控操作与多媒体功能于一体，其核心优势在于支持多人同时书写、批注与标注，可自由缩放、拖曳课件内容，提升课堂互动性。设备内置丰富学科工具（如几何画板、化学实验模拟）及海量教学资源库，满足全学段教学需求。此外，希沃电子白板支持无线投屏、多屏互动，可实时同步学生端操作，助力打造沉浸式课堂。依托希沃云平台，教师可实现课件云端存储、跨设备调用，并通过数据统计功能追踪学生参与度，是推动信息化教学的得力工具。希沃电子白板的操作过程如下。

（1）注册账号启动软件。

打开桌面希沃的图标，启动希沃，进入希沃的登录界面，界面有两个选项，一个是账号登录界面，另一个是微信扫一扫登录界面。

（2）注册账号。

在登录界面单击注册按钮，按照要求输入手机号和图片验证码，获取手机验证码并验证正确后，进入密码输入界面，自行设置密码并正确输入后，将进入完善个人信息界面，输入学段、学科。完成注册，登录成功，就进入到了云课件的操作界面。

（3）创建课件组。

进入云课件界面后，会看到这个界面分为左右两部分，左面是个人信息、云课件、学校课件活动任务等内容，右面就是新创建的课件组和课件。

（4）课件分类。

在建立课件前，要对课件进行分类，也就是要创建一个或几个课件组。单击界面上方的“新建课件组”按钮，可以新建一个课件组（也就是一个文件夹），并对其进行命名。

（5）创建课件。

创建课件时单击创建的课件组，在这个课件组的右上方有一个“新建课件”按钮。创建课件有以下两种方法。

方法1：单击“新建课件”按钮，选择配景模板，再单击“新建”按钮，就进入了课件编辑界面。在此界面能设置课件封面以及背景图。

方法2：可以导入PPT课件，但是需要注意的是，只能导入pptx格式的课件。课件导入希沃软件之后格式会有变化，需要用户重新排版，设置效果。

（6）设计课堂活动。

用户可以根据课程类型在5种课堂活动中自行选择，包括趣味分类、超级分类、选择填空、知识配对与分组竞争。课堂上的实时游戏让学生有参与感与探索体验。

希沃电子白板是一款互动教学平台，支持云课件、学科工具、课堂活动等功能。教师可跨平台备课授课，利用思维导图、游戏化互动等工具提升课堂效果，还能通过移动授课、知识胶囊录制实现灵活教学与资源分享。希沃电子白板的功能如下。

1. 云课件

教师在备课模式下的课件会自动同步到该账号的云课件中，教师可以直接从云课件列表中拉取课件，进行备课、编辑以及授课，也可以直接新建课件，如图 4-42 所示。

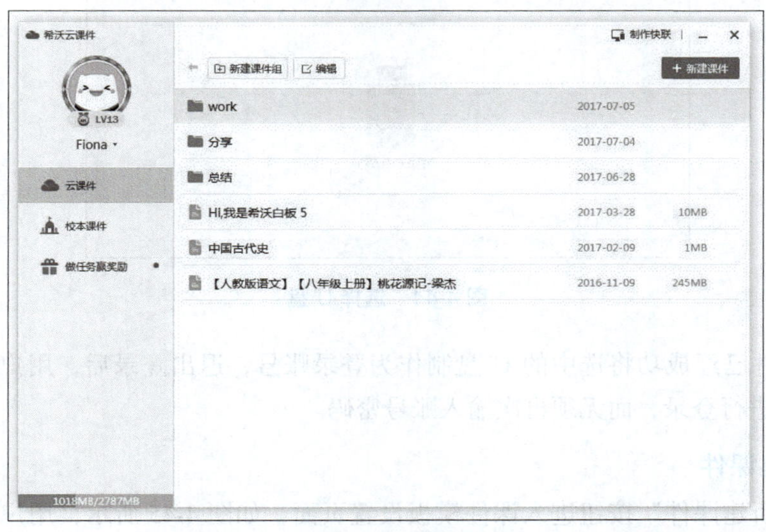

图 4-42 云课件

2. 制作快联

制作快联是设置 U 盘为登录账号的功能，用户将 U 盘设置为当前账号的登录账号后，下一次插入 U 盘即可直接登录，而无须输入账号密码。

用户可根据如下流程进行操作：单击“制作快联”按钮弹出 U 盘连接电脑页面如图 4-43 所示，此时将 U 盘插入电脑即可进入下一步；软件会检测出当前连接电脑的 U 盘，用户需要选择制作的 U 盘即可进入下一步，如图 4-44 所示。

图 4-43 U 盘连接电脑页面

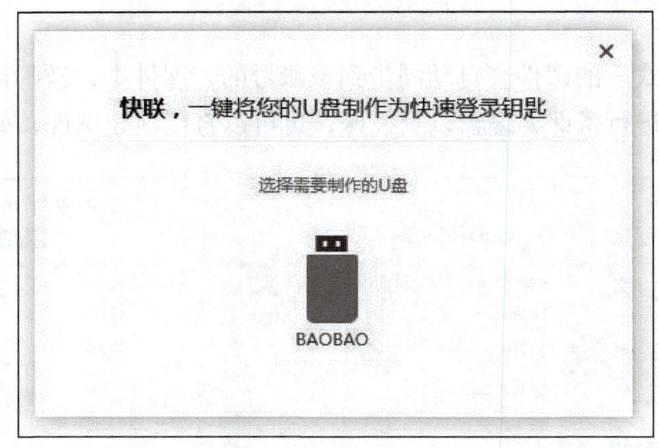

图 4-44　选择 U 盘

此时软件已经成功将选中的 U 盘制作为登录账号，退出登录后，用户下一次可直接插入 U 盘进行登录，而无须再次输入账号密码。

3. 新建课件

单击“新建课件”按钮进入课件模板设置页面，如图 4-45 所示，用户可以设置课件名称、挑选默认背景模板或直接导入 PPT，完成后即可直接进入希沃白板的备课模式。

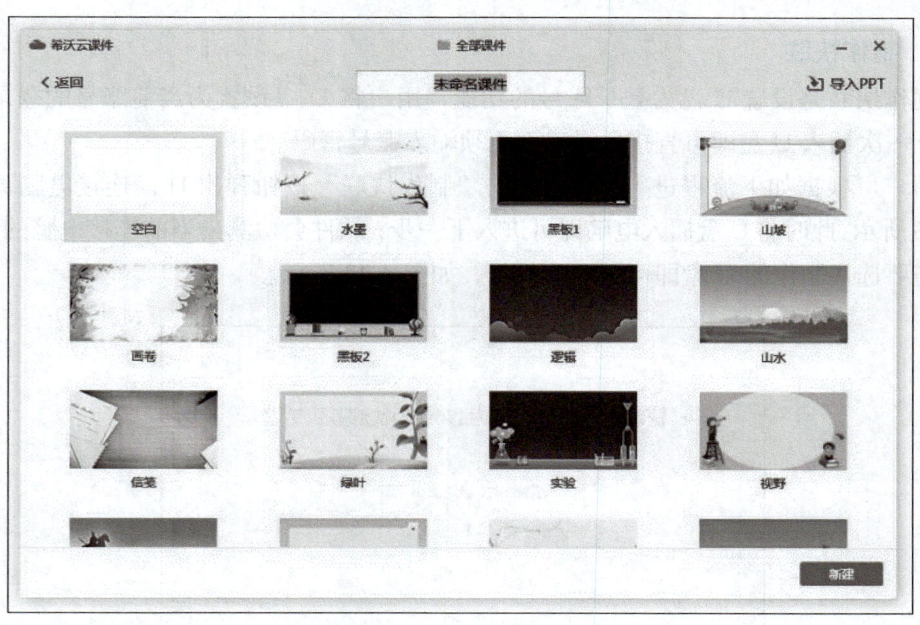

图 4-45　课件模板

设置课件名称：当课件名称输入框右侧显示“√”时可设置课件名称；

挑选默认背景：单击选中所需背景后，单击右下角的“选取”按钮，即可进入希沃白板备课模式；

导入 PPT：单击右上角的“导入 PPT”按钮，支持以解析模式导入本地 PPT。导入 PPT 为实验性功能，导入过程可能会导致部分属性丢失。

在 PC 上可以通过双击鼠标左键打开本地课件。打开的本地课件将自动同步，同时更新云课件列表，关闭时界面将提示用户是否要同步并更新本地课件，如图 4-46 所示。

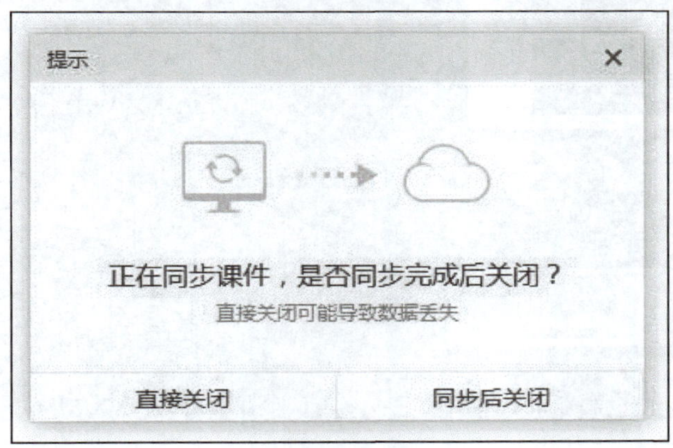

图 4-46　PC 端同步课件

4. 授课模式基础操作

（1）进入授课模式。

在备课模式下，单击菜单栏中的“开始授课”按钮即可进入授课模式，此时可移动元素、批注、调用工具，实现从制作到教学的无缝切换，如图 4-47 所示。

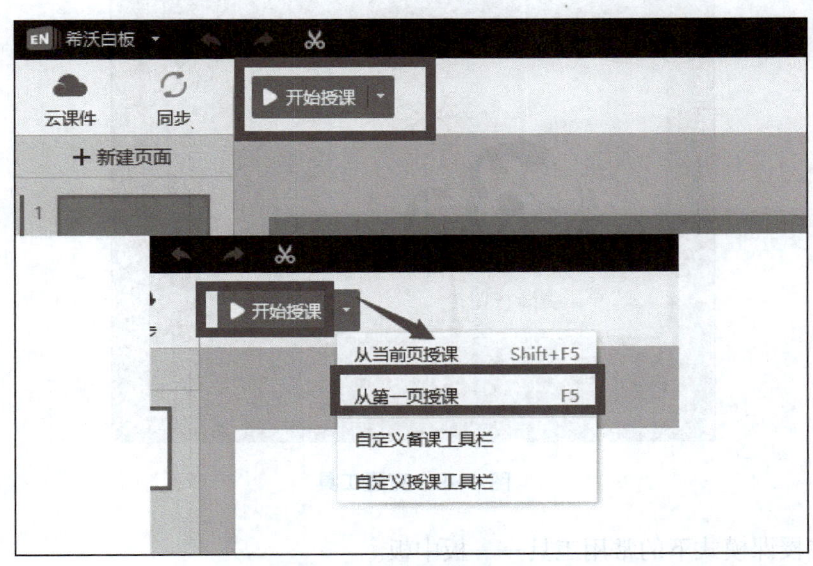

图 4-47　备课模式进入授课模式

（2）在授课模式下随意书写一个汉字并擦除。

在授课模式下，单击工具栏中的“笔”工具，在白板上随意书写，完成后选“橡皮擦”工具，擦除相应内容，如图 4-48 所示。

图 4-48　橡皮工具

（3）在授课模式下临时开启拖动克隆。

选择一个对象，对其进行克隆。在授课模式下，选中需要克隆的元素，右击打开快捷菜单，选择“拖动克隆”，之后拖动该元素即可生成克隆体，实现临时开启拖动克隆，如图 4-49 所示。

图 4-49　克隆工具

（4）在授课模式下的常用工具——板中板。

希沃电子白板授课模式下，板中板可创建独立书写区域，教师能自由添加内容，灵活展示讲解，还能对比分析、拓展延伸，增强课堂互动（左下角可以保存、生成图片或切回课件），如图 4-50 所示。

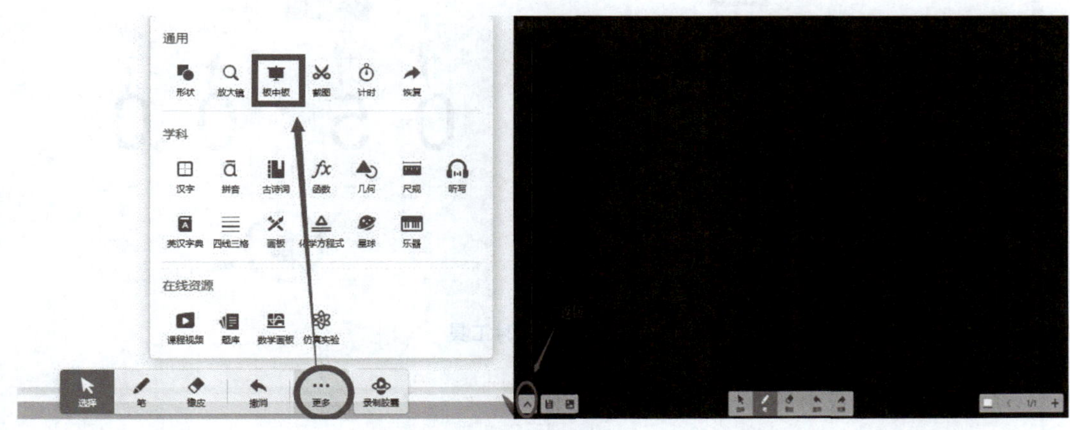

图 4-50　板中板工具

（5）在授课模式下的常用工具——截图。

希沃电子白板授课模式下，单击工具栏的“截图”按钮，可自由框选屏幕区域截取内容，快速插入课件，提升备课与授课效率。用户可以选择截图模式，用鼠标划选区域后，即可截图成功，如图 4-51 所示。

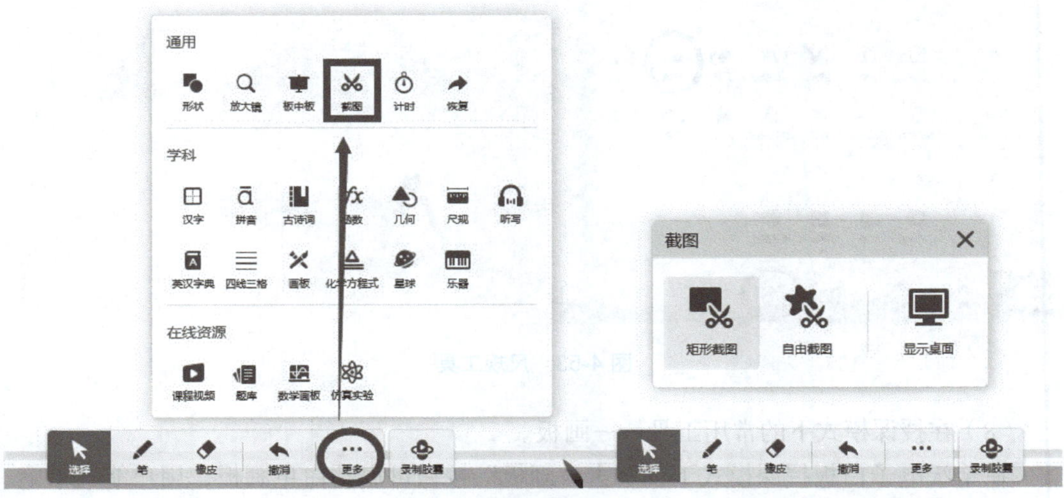

图 4-51　截图工具

（6）在授课模式下的常用工具——计时。

在希沃电子白板授课模式下，单击“更多”按钮找到“计时”功能，可设置倒计时或启动计时器，支持全屏显示与暂停重置，便于课堂活动时间管理，增强学生紧迫感，如图 4-52 所示。

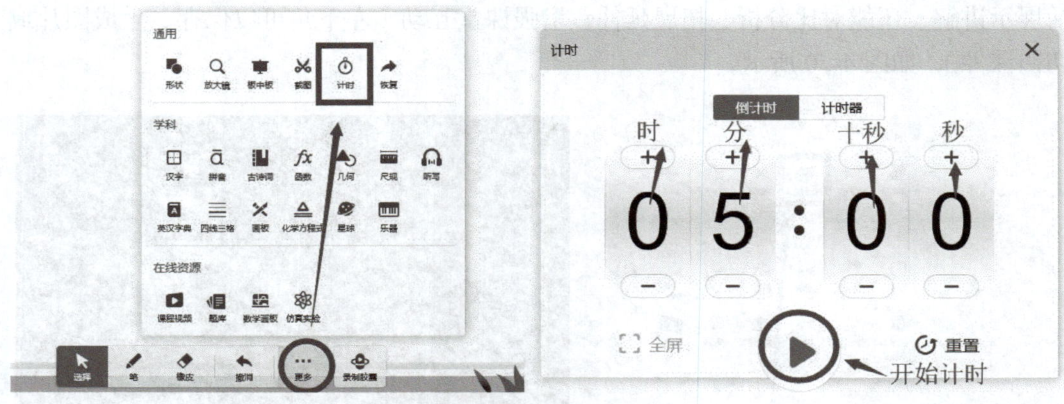

图 4-52　计时工具

（7）在授课模式下的常用工具——尺规。

在希沃电子白板授课模式下，单击“更多”按钮找到尺规工具，可调出直尺、圆规。直尺可测量长度、画直线，圆规能确定圆心与半径画圆，还能综合使用完成角平分线等作图，让教学更便捷，如图 4-53 所示。

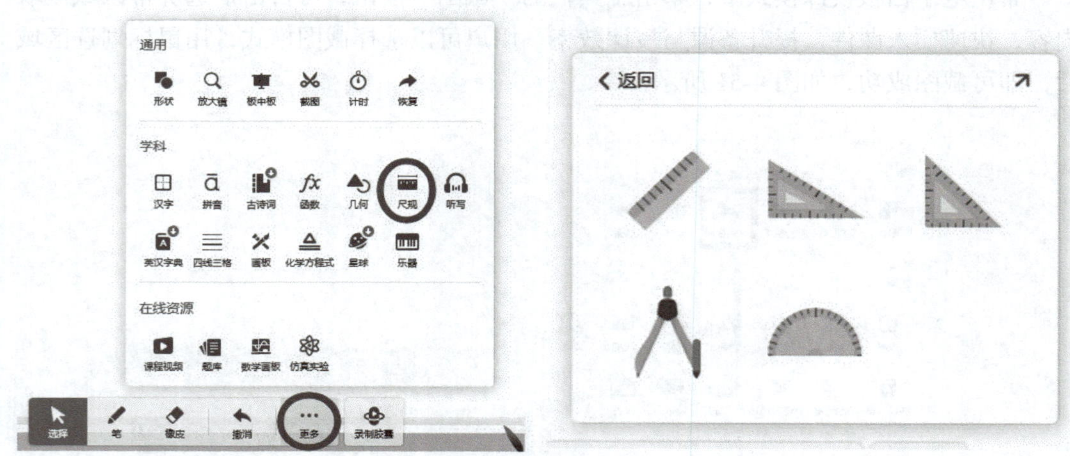

图 4-53　尺规工具

（8）在授课模式下的常用工具——画板。

在希沃电子白板授课模式下，单击“画板”按钮可启动白色画板，用户能选铅笔、毛笔等笔刷，调整颜色、粗细，支持自由创作与书写，满足多样教学需求，如图 4-54 所示。

（9）在授课模式下的常用工具——乐器。

希沃电子白板授课模式下，单击“更多”按钮可找到器乐工具，它有自由演奏和乐理学习功能，可随意弹奏并显示音符信息，还能播放曲库音乐，助力音乐教学，如图 4-55 所示。

图 4-54　画板工具

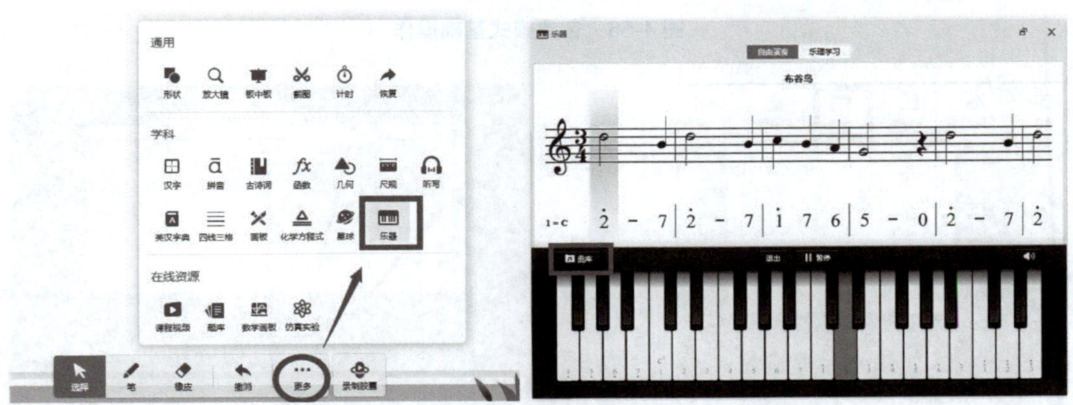

图 4-55　乐器工具

5. 备课模式基础操作

在希沃电子白板备课模式下，可以便捷地插入各类元素，如图 4-56 所示。单击“表格”图标，拖动行列数即可插入大小合适的表格，还能调整单元格样式。选“思维导图”类型，轻松插入并添加分支、编辑内容。通过“学科工具”里的统计图表，如折线图、饼图等，插入后输入数据就能直观呈现。单击“公式”按钮可插入各类数学公式，还能自定义编辑。部分学科工具支持插入函数与几何图形。此外，还能插入古诗词，带注释、赏析等内容，满足多学科备课需求。

（1）表格。

在希沃电子白板备课模式下，进入课件后，在功能栏单击“表格”按钮，鼠标滑动选择行列数并插入表格，还能通过鼠标右键选择复制、剪切等，在右侧属性栏可更换表格样式，如图 4-57 所示。

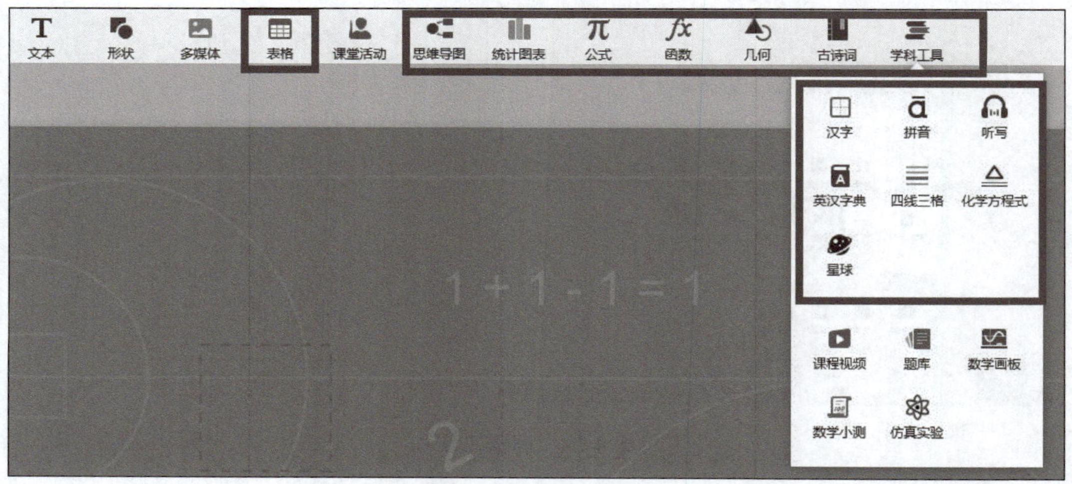

图 4-56　备课模式基础操作

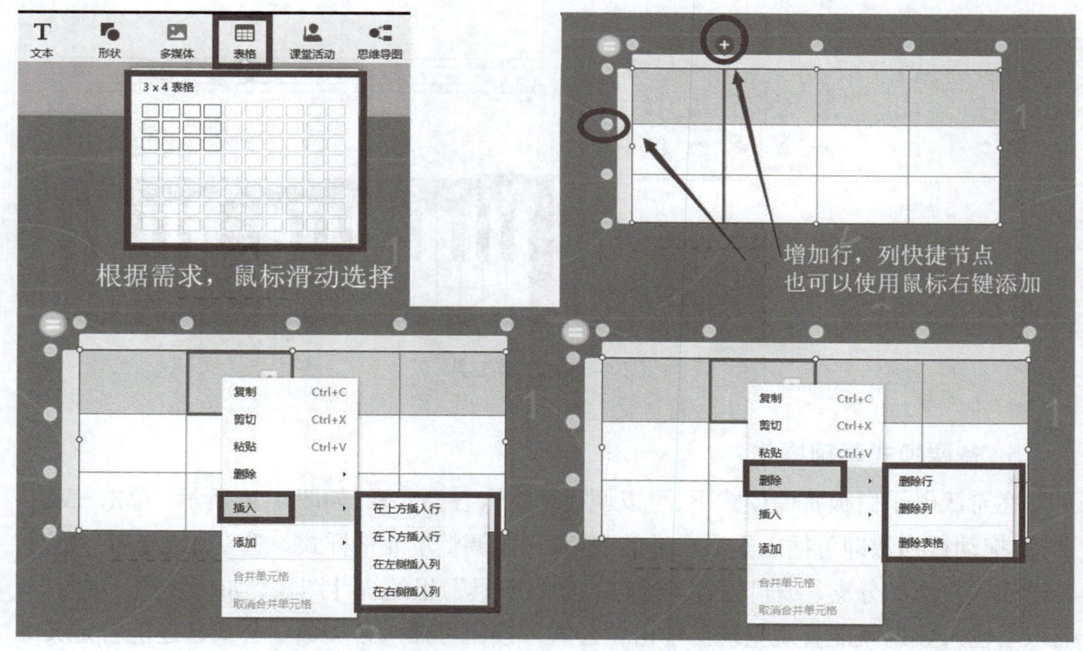

图 4-57　表格工具

（2）思维导图。

希沃电子白板的“思维导图”工具功能强大且实用，能帮助教师高效梳理教学逻辑。思维导图工具可将重点难点以知识导图形式呈现，清晰展示课程脉络，支持逻辑图、鱼骨图、组织结构图三种样式，满足不同教学场景需求。

创建思维导图：在课件编辑界面单击上方功能栏的“思维导图”按钮，选择所需样式即可创建，如图 4-58 所示。

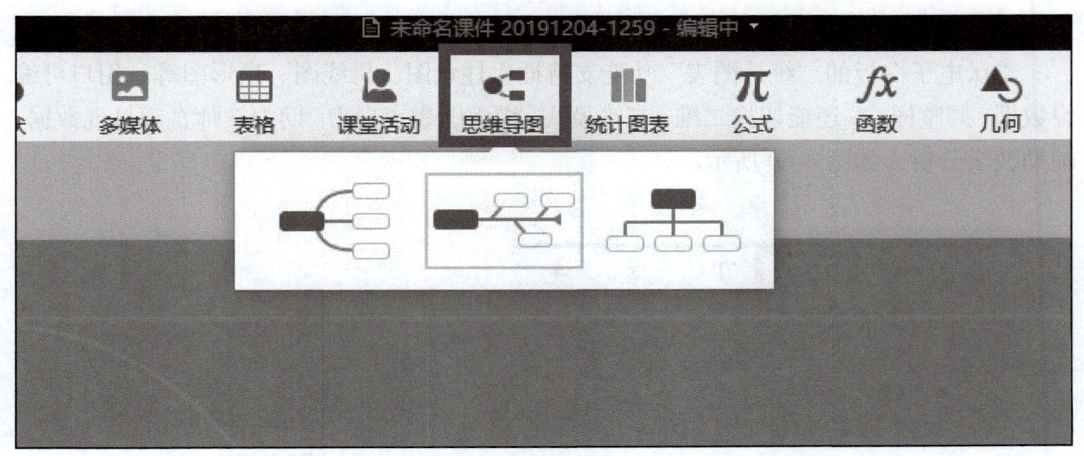

图 4-58 创建思维导图

添加与编辑主题：默认生成“中心主题”与“分支主题”，支持通过单击“+”号新增同级 / 子主题，或通过拖曳调整主题顺序。

样式调整：在右侧属性栏的“思维导图”选项中，可修改主题框颜色、连接线样式、节点顺序展示方式等。

内容丰富：支持插入图片、音频、视频等多媒体素材，通过“多媒体”选项从本地文件夹导入。

逻辑关联：通过连线和文字注明知识点间关系，或设置超链接实现页面跳转，如图 4-59 所示。

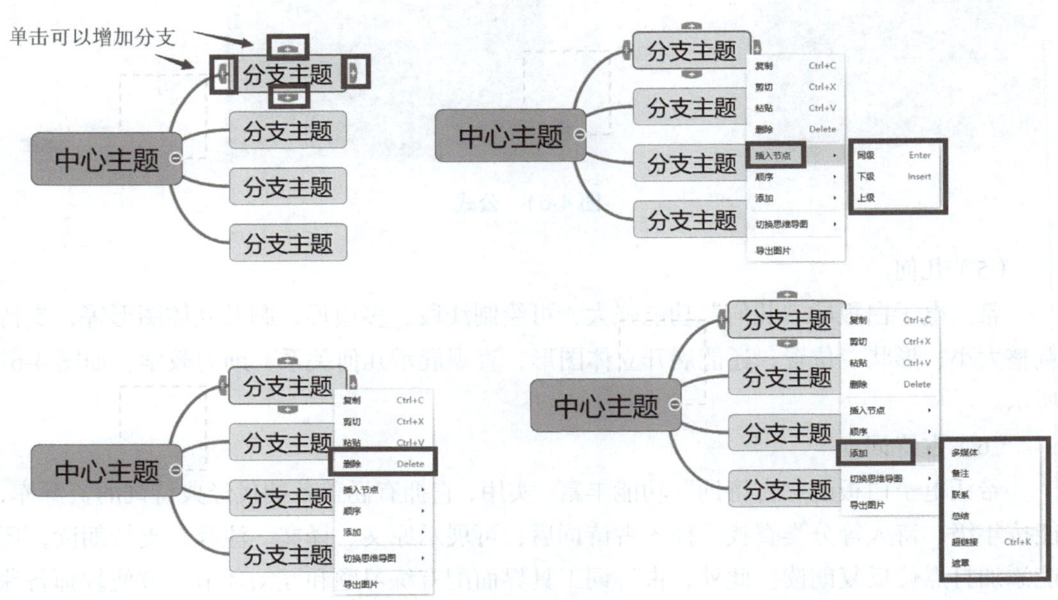

图 4-59 思维导图工具

（3）统计图表。

希沃电子白板的“统计图表”功能支持插入柱状图、折线图、扇形图等。用户可编辑数据、调整样式，还能切换二维 / 三维模式，增强图表表现力，助力教师直观呈现数据、辅助教学分析，如图 4-60 所示。

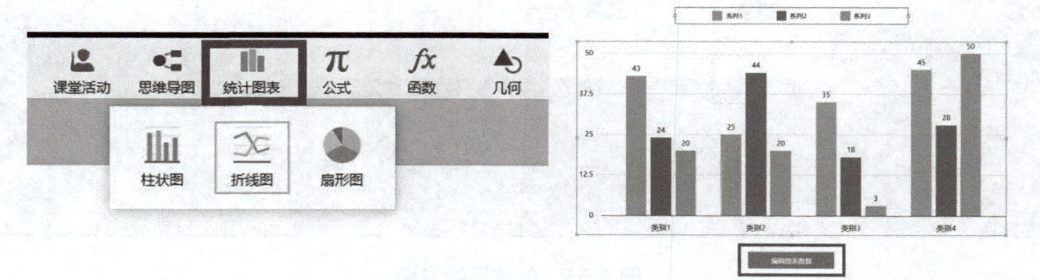

图 4-60　统计图表

（4）公式。

希沃电子白板“公式”功能强大，单击“公式”按钮可打开编辑器，能输入所需公式模板、字母或数字，还支持插入、调用历史记录等，如图 4-61 所示。

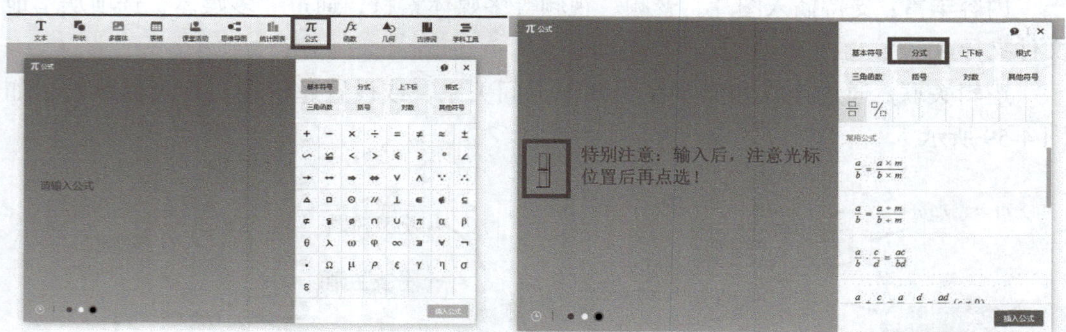

图 4-61　公式

（5）几何。

希沃电子白板的“几何”功能强大，可绘制线段、多边形、圆及立体图形等，支持调整大小、形状、位置，还能展开立体图形，直观展示几何关系，助力教学，如图 4-62 所示。

（6）古诗词。

希沃电子白板的“古诗词”功能丰富、实用，它拥有涵盖各朝代经典诗词的资源库，能按年级、诗人等分类查找。插入古诗词后，可展示原文、译文、注释，支持朗读，还能添加打点位反复朗读。此外，古诗词工具界面配有练习题和互动环节，方便教师备课与学生理解，如图 4-63 所示。

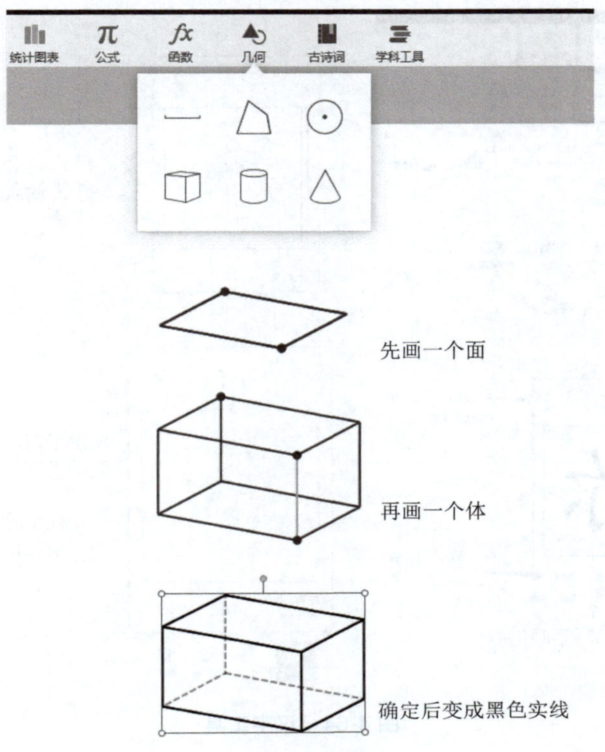

图 4-62　几何工具

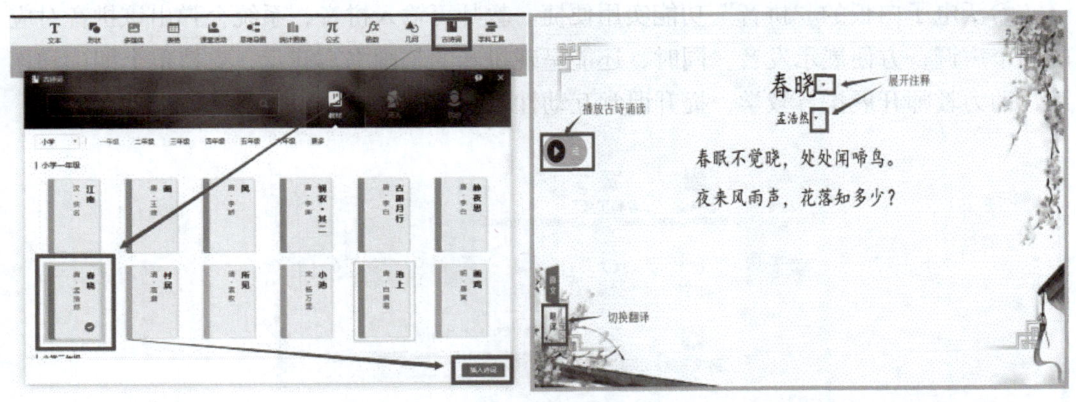

图 4-63　古诗词工具

（7）汉字。

希沃电子白板的“汉字”功能实用便捷。在备课模式下，单击“汉字”按钮可插入田字格，支持手写输入，还能自动识别并显示读音、笔画数与部首。单击“连续”按钮可自动演示笔顺，单击“分步”按钮则能逐笔展示，配合“克隆”功能可重复演示，助力汉字教学，如图 4-64 所示。

图 4-64　汉字工具

（8）拼音。

希沃电子白板的“拼音”功能实用便捷。教师可输入拼音，系统会弹出该拼音对应的四个声调，方便展示发音。同时，还能呈现拼音的笔画书写演示，支持单个朗读和连读，助力教师开展拼音教学，提升课堂互动性与教学效果，如图 4-65 所示。

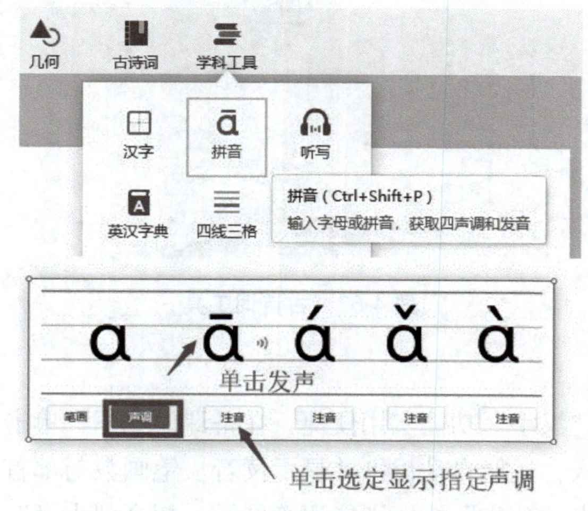

图 4-65　拼音工具

（9）英汉字典。

希沃电子白板的“英汉词典”功能强大且实用。在学科工具中找到“英汉字典”图标并单击，输入单词后，系统会自动显示中文释义、读音、例句等信息，还能生成单词卡。教师可快速查询单词，帮助学生理解生词，提升教学效率，如图 4-66 所示。

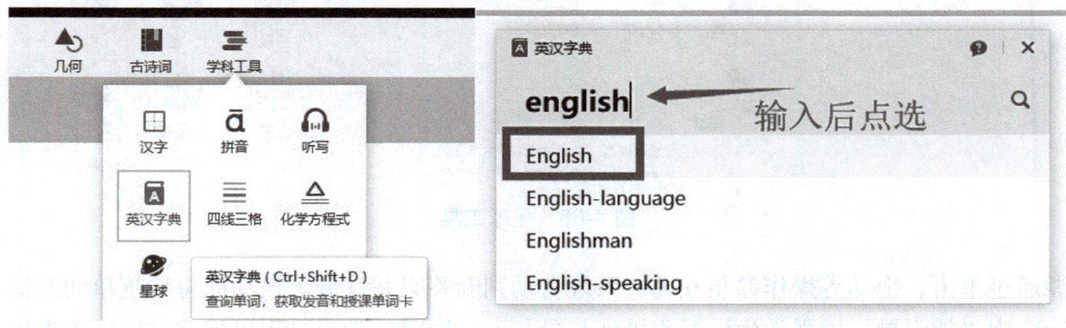

图 4-66 英汉字典工具

（10）四线三格。

希沃电子白板的“四线三格”功能可精准还原英语书写规范，支持插入、调整大小位置，提供字母占格提示与笔顺演示，助力教师高效开展字母、音标等书写教学，如图 4-67 所示。

图 4-67 四线三格工具

（11）星球。

希沃电子白板的“星球”功能可以提供太阳系八大行星等三维模型，支持放大缩小、旋转查看，部分星球可切换二维地图模式，并配备百科知识及贴图教学，助力地理教学，如图 4-68 所示。

（12）课堂活动。

希沃电子白板的“课堂活动”功能为教学注入强互动性，通过游戏化方式呈现知识点，助力提升课堂效果，它提供趣味分类、超级分类、选词填空、知识配对、分组竞争等多种活动类型，如图 4-69 所示。教师可按需选择并灵活编辑内容。在授课时，学生

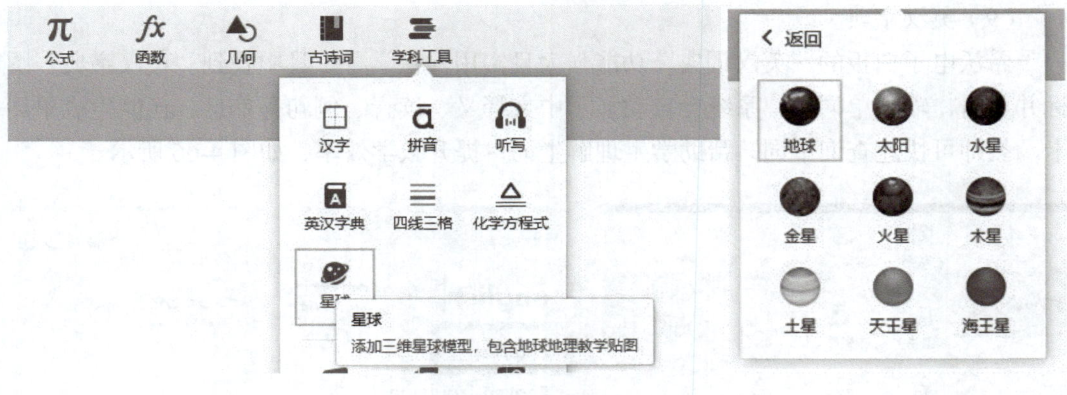

图 4-68　星球工具

能通过单击、拖动等操作参与互动，系统自动判断答案并计分。该功能将传统单向灌输转变为兴趣引导，增强学生学习积极性与参与度，同时让学习过程可视化，有助于学生更好地掌握知识点，提升学习效果。

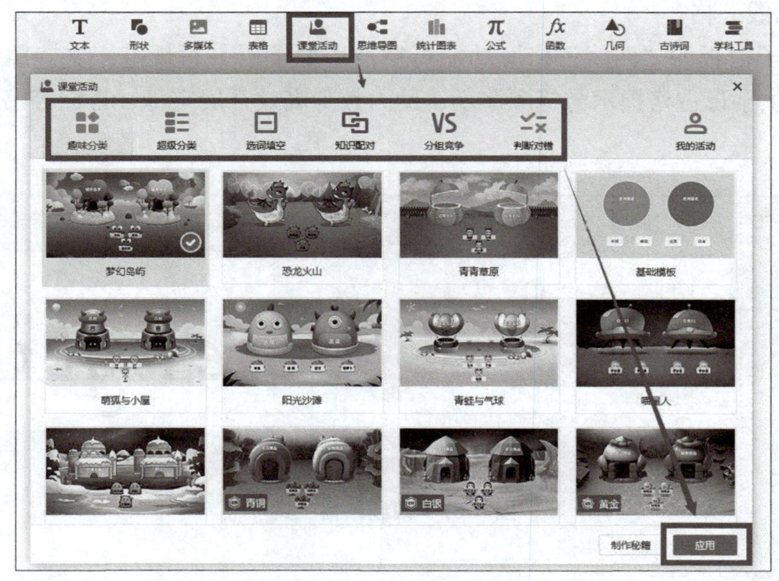

图 4-69　课堂活动

① 趣味分类。

“趣味分类”功能以动态交互实现知识结构化梳理。教师可自定义主题与分类项，学生通过拖动图标或词条至对应分类区完成匹配。系统即时反馈对错并计分，搭配音效动画强化激励效果。该功能将抽象概念具象为可视化操作，尤其适配低年级词义辨析、学科概念归类等场景，通过游戏化任务驱动学生主动思考，兼具知识巩固与思维训练价值，如图 4-70 所示。

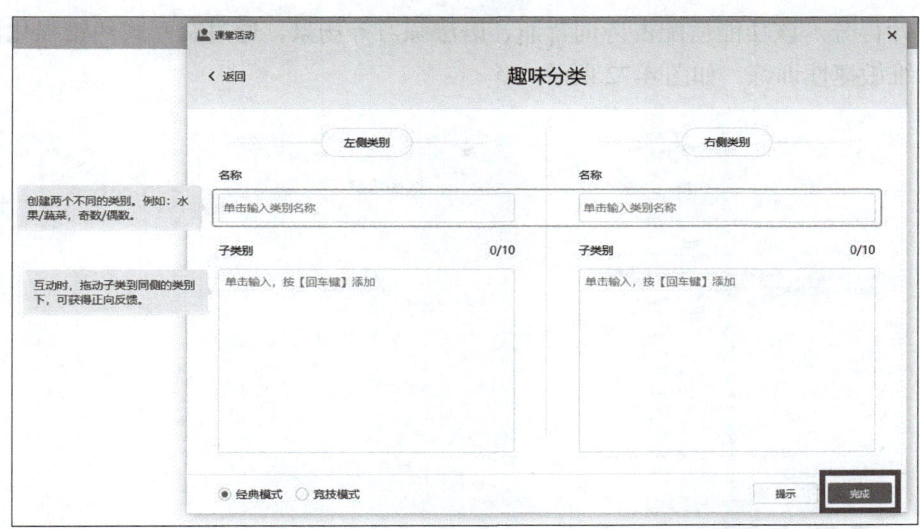

图 4-70　趣味分类

② 超级分类。

“超级分类”功能是趣味分类的升级版，可将知识点分成多个类别。教师可自定义类别与子类别，学生通过拖动子类别到对应区域完成分类，操作错误会有提示。超级分类功能可以锻炼学生组合归纳能力，如图 4-71 所示。

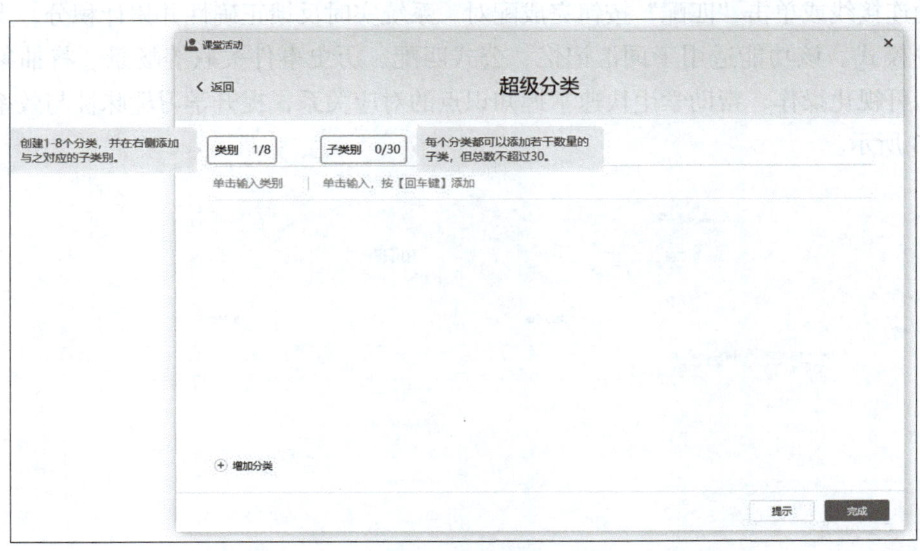

图 4-71　超级分类

③ 选词填空。

“选词填空”功能聚焦语言知识巩固与情境运用。教师可预设文本并挖空关键词，提供多个干扰项与正确答案混排。学生拖动词语至对应空位完成填空，系统即时判断对错并累计得分。该功能适配古诗词背诵、语法练习等场景，通过交互式纠错强化记忆，进行思维敏捷性训练，如图 4-72 所示。

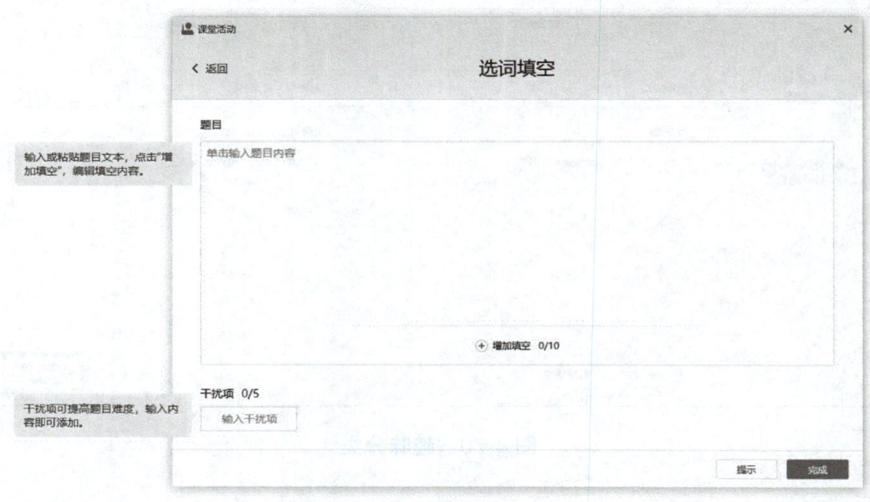

图 4-72　选词填空

④ 知识配对。

“知识配对”功能通过交互设计强化知识关联记忆。教师可创建两组元素，学生通过拖动连接线或单击“匹配”按钮完成配对。系统实时反馈正确性并累计积分，支持多人竞赛模式。该功能适用于词汇记忆、公式匹配、历史事件关联等场景，将抽象逻辑转化为可视化操作，帮助学生快速掌握知识点的对应关系，提升学习趣味性与效率，如图 4-73 所示。

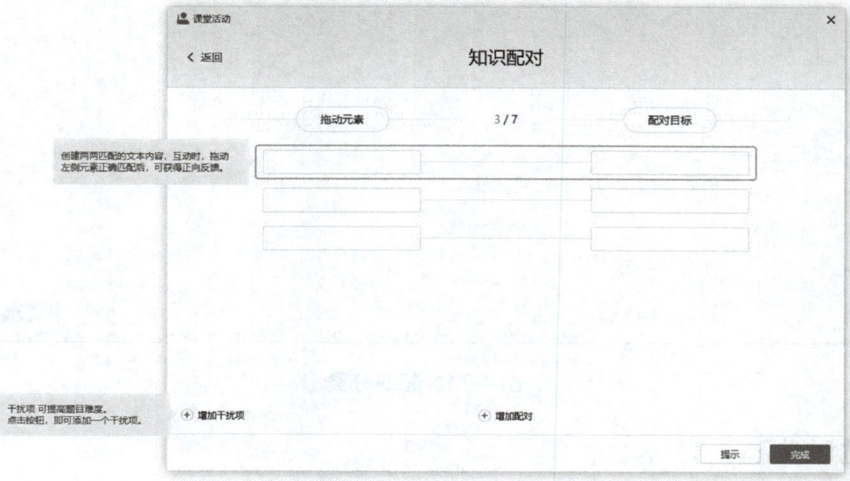

图 4-73　知识配对

⑤ 分组竞争。

“分组竞争”功能以竞赛形式激发课堂活力。教师设置题目后，学生分组抢答，通过单击屏幕选项作答，系统实时显示得分与排名。该功能支持单选、多选题型，并通过答题倒计时增强紧张感，从而调动学生积极性，促进团队协作与竞争意识，提升课堂参与度，如图 4-74 所示。

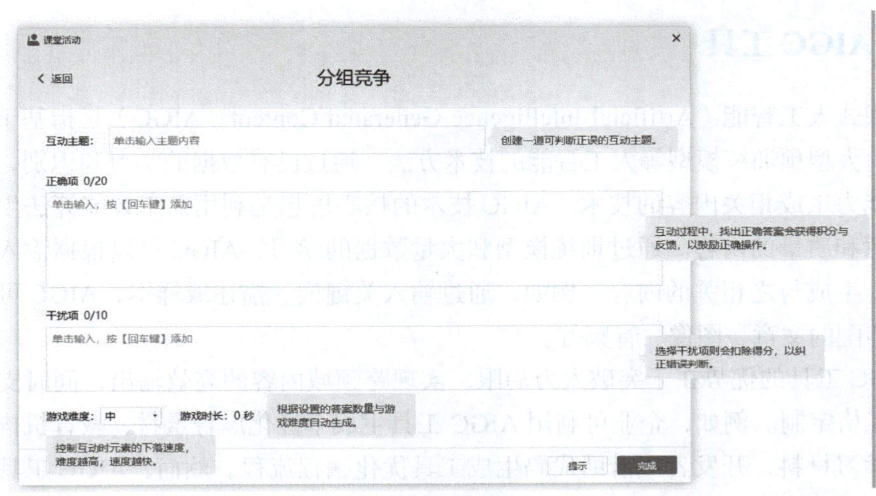

图 4-74 分组竞争

⑥ 判断对错。

“判断对错”功能以简洁交互实现知识即时检测。教师预设陈述性题目，学生通过单击屏幕中的“√”“×”图标作答，系统秒速反馈对错并累计积分。该功能适配概念辨析、易错点排查等场景，通过快速问答强化记忆点，尤其适合低年级基础巩固与高年级复习纠错，操作便捷且能实时生成答题数据供教师分析，如图 4-75 所示。

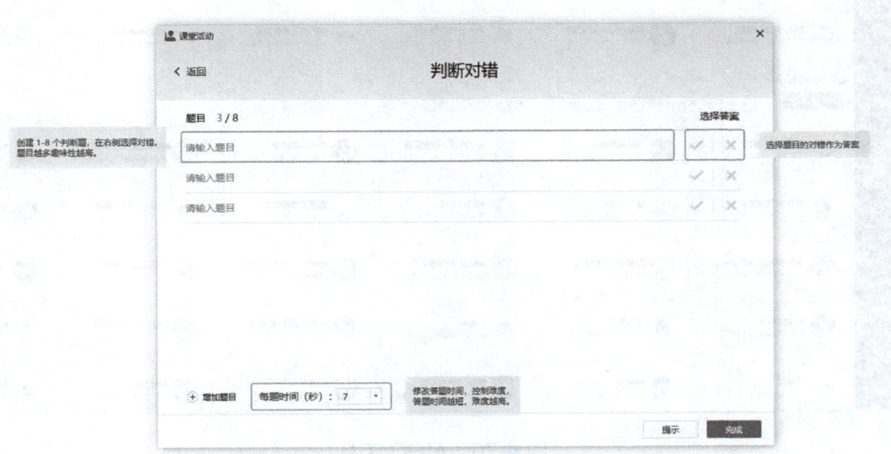

图 4-75 判断对错

希沃电子白板功能丰富，操作便捷，为教学带来诸多便利，其资源库涵盖多学科素材，教师可快速调用，节省备课时间。互动工具能激发学生兴趣，增强课堂参与度。书写、批注功能灵活多样，满足不同教学需求。同时，它支持多设备连接，方便展示学生作品。整体而言，希沃电子白板有效提升了教学效率与质量，使课堂更加生动有趣，是现代化教学的得力助手。

4.3.9 AIGC 工具

生成式人工智能（Artificial Intelligence Generated Content，AIGC）是指基于生成对抗网络、大型预训练模型等人工智能的技术方法，通过已有数据的学习和识别，以适当的泛化能力生成相关内容的技术。AIGC 技术的核心思想是利用人工智能算法生成具有一定创意和质量的内容。通过训练模型和大量数据的学习，AIGC 可以根据输入的条件或指导，生成与之相关的内容。例如，通过输入关键词、描述或样本，AIGC 可以生成与之相匹配的文章、图像、音频等。

AIGC 工具的优势在于突破人力局限，实现跨领域内容的高效输出，同时支持多语言、多风格定制。例如，企业可利用 AIGC 工具生成个性化广告素材，教育机构可创建自适应学习材料，开发者可借助代码生成工具优化编程流程。然而，AIGC 工具依赖海量数据训练，可能存在版权争议或伦理风险，需结合人工审核确保合规性。未来，随着技术迭代与场景拓展，AIGC 工具将在更多行业推动创意民主化与生产效率升级。AIGC 工具如图 4-76 所示。

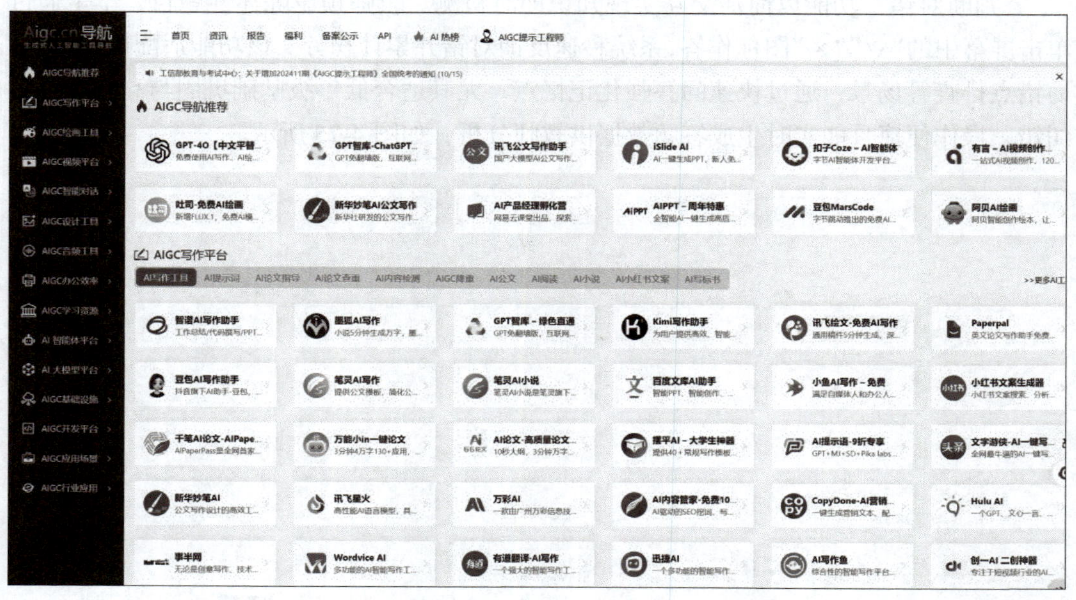

图 4-76　AIGC 工具

1. Kimi

Kimi是由月之暗面（Moonshot AI）开发的国产多模态AI助手，凭借其强大的文本处理、智能搜索和跨场景应用能力，成为办公、学习和创作领域的效率利器，主要核心功能如下。

（1）超长文本处理。

支持20万字级长文本解析（部分场景可达200万字），可快速提炼学术论文、技术文档的核心观点，生成结构化摘要。例如，上传30万字小说后，可针对任意章节提问，无须翻阅原文。支持PDF、Word、Excel、PPT、TXT等格式的文件，可以一键完成翻译、答疑、信息提取。

（2）智能搜索与信息整合。

实时联网搜索，整合多数据源信息，标注来源链接，确保答案时效性与准确性。例如，查询最新科技新闻时，可直接获取权威报道链接。

支持限定搜索范围（如"仅搜索豆瓣相关内容"），或通过语法（如"site:"）精准定位信息。

（3）多模态交互与创作。

图片解析：可识别复杂图表（如思维导图、流程图），提取关键信息并解答问题。例如，上传思维导图后，可针对节点内容进一步提问。

图表生成：支持17种专业图表（流程图、甘特图、思维导图等），通过Mermaid语法快速生成可视化内容。例如，输入"用Mermaid绘制用户旅程图"，即可一键生成。

PPT辅助：在Kimi+功能中，可基于文本生成高质量演示文稿，极大缩短制作时间。

（4）角色扮演与个性化服务。

用户可指定Kimi扮演虚拟助手、教育辅导、生活顾问等角色，完成特定任务。例如，模拟英语口语陪练，实时纠正发音与语法错误。

Kimi的基础操作如下。

（1）Kimi制作PPT的流程。

将Kimi制作PPT的过程分为4步：生成大纲、生成PPT、PPT优化和下载确认，如图4-77所示。

① 进入PPT制作页面。

进入Kimi后，单击左侧"PPT制作"图标，进入PPT制作页面，如图4-78所示。以中国茶文化为例制作PPT。

② 生成大纲。

首先，需要生成PPT的大纲。有以下两种方法可以实现。

方法一：撰写关于主题的提示语。

根据自己的需求撰写与主题相关的提示语，这将帮助Kimi理解用户的需求，并生成相应的大纲，如图4-79所示。

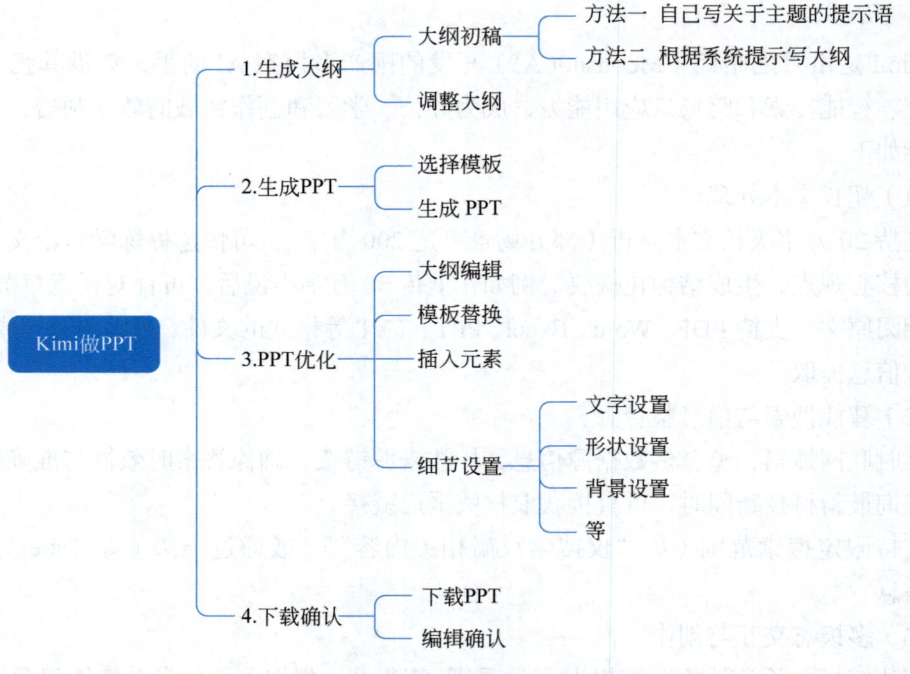

图 4-77 Kimi 制作 PPT 步骤

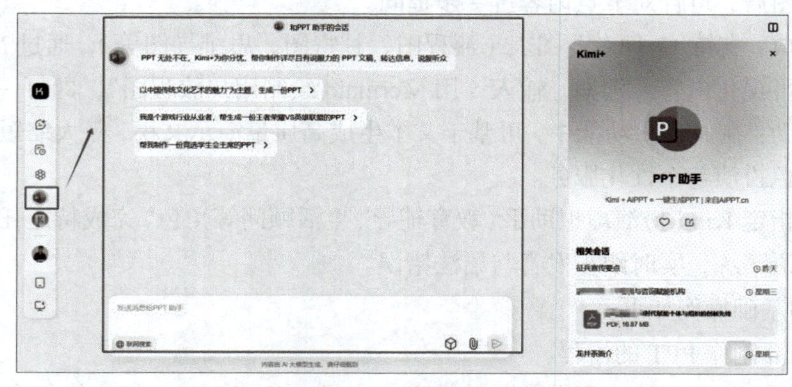

图 4-78 PPT 制作页面

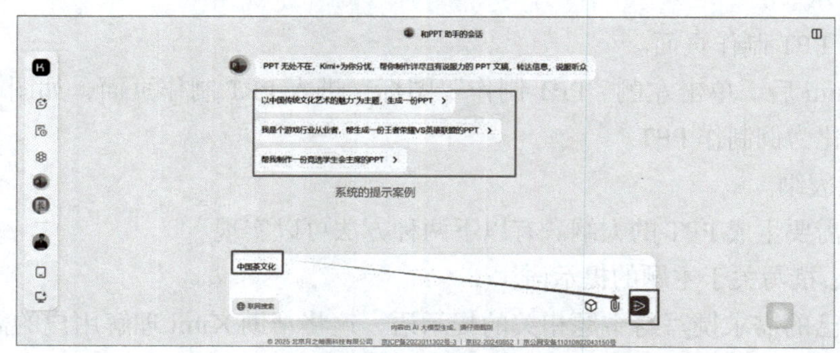

图 4-79 生产大纲

方法二：根据系统提示写大纲。

如果不确定如何开始，Kimi 会提供一些提示案例，帮助用户快速生成大纲，用户可以根据这些提示进行调整和修改，如图 4-80 所示。

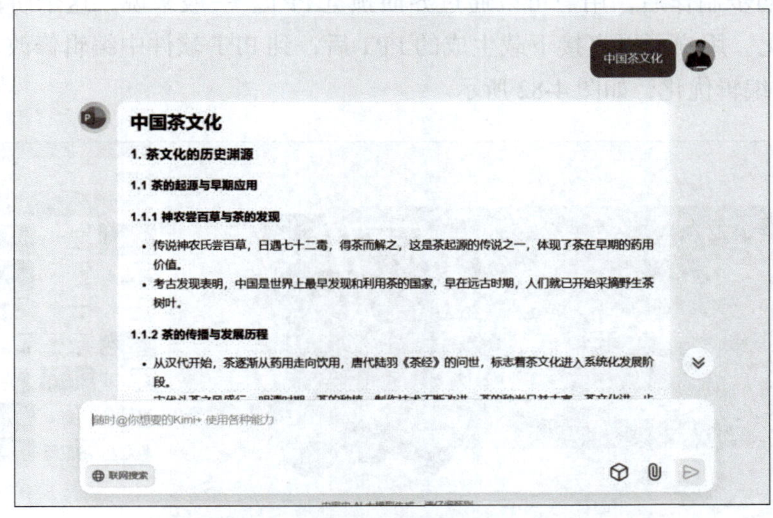

图 4-80　根据系统提示写大纲

③ 大纲调整。

Kimi 生成 PPT 大纲后，用户可以根据结果继续调整大纲。调整过程可以采用反馈式对话：告诉 AI 觉得这个大纲怎么样、需要怎么样调整即可。

④ 初步生成 PPT。

生成大纲的左下角，有“一键生成 PPT”按钮，用户单击即可开始生成 PPT。

⑤ 选择模板。

界面会弹出模板选择窗口。Kimi 提供了多种模板供用户选择，用户可以根据主题、爱好，通过“模板场景”“设计风格”“主题颜色”挑选最适合的模板，如图 4-81 所示。

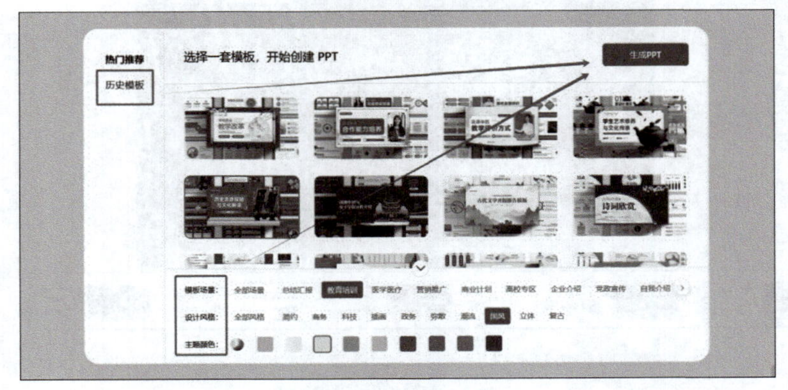

图 4-81　选择模板

⑥ 生成 PPT。

单击“生成 PPT”按钮,即可进入 PPT 生成页面。等待约 1 分钟即可完成 PPT 制作。

⑦ PPT 优化。

在完成初步制作后，用户可以通过界面预览 PPT。一般来说，这个阶段还需要对 PPT 进行优化。用户可以直接下载生成的 PPT 后，到 PPT 软件中编辑修改，也可以继续在 Kimi 中编辑优化，如图 4-82 所示。

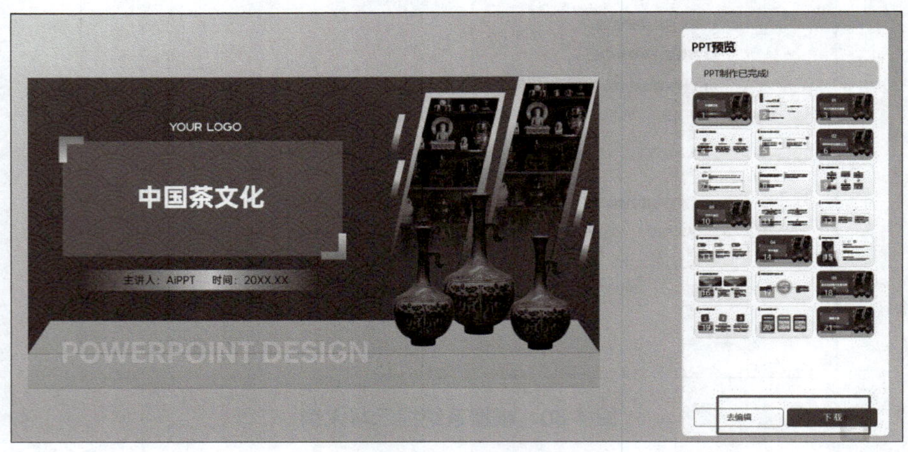

图 4-82 PPT 优化

单击“去编辑”按钮，进入到 PPT 编辑界面。PPT 的编辑优化包括以下功能。

大纲编辑：如果对生成 PPT 的内容（大纲）不满意，可以继续编辑大纲。

模板替换：如果模板中的某些部分不符合需求，可以进行替换。

插入元素：可以在 PPT 中插入各种元素，如图片、图表、视频等，以丰富内容，如图 4-83 所示。

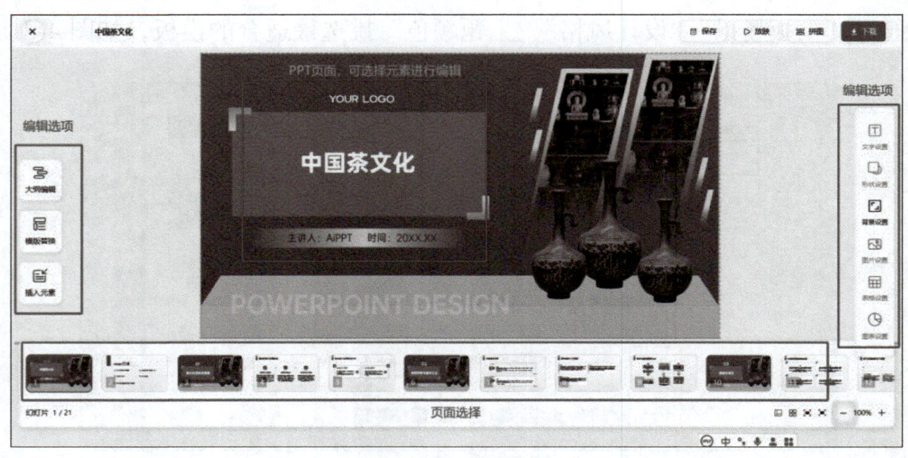

图 4-83 插入元素

为了使PPT更加专业，还需要进行一些细节设置，包括文字设置、形状设置和背景设置。

文字设置：调整字体、大小、颜色等，确保文字清晰易读。

形状设置：对PPT中的形状进行调整，使其更符合整体风格。

背景设置：选择合适的背景颜色或图片，提升PPT的视觉效果。

⑧ 下载确认。

编辑完成后，可以单击“预览”按钮进行确认，确认无误后可以选择“保存”、“拼图”或“下载”，如图4-84所示。

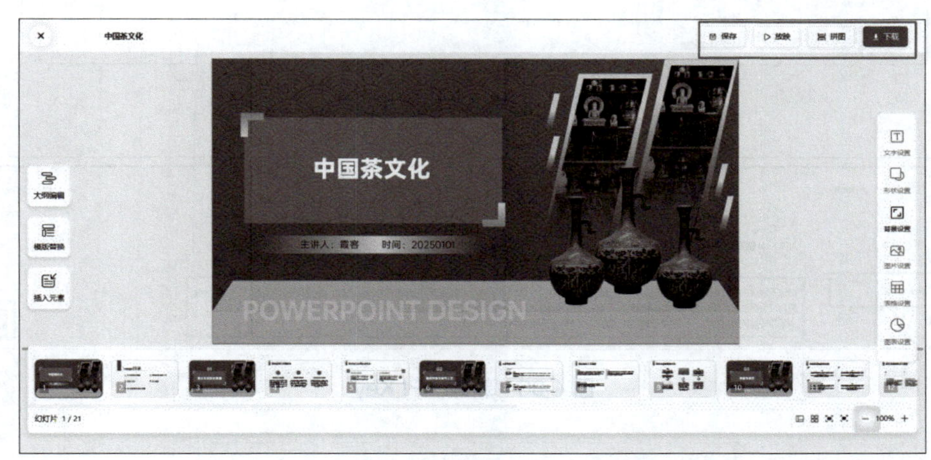

图4-84 下载确认

Kimi生成的大纲比较详细，因此耗时较长、PPT文字内容较多，需要用户后期压缩。不同PPT软件（Microsoft PPT和WPS ppt）因为版本、预装字体等不同，会使得PPT格式有所变化，建议用户下载后确认。PPT的大纲生成环节可以不用Kimi，而采用DeepSeek等能力更强的AI，但是大纲转换时，要注意提示语。

（2）给PPT接入Kimi（AI），提升质量。

① 获取Kimi的API Key。

登录开发者平台地址：Moonshot AI - 开放平台。首次登录后，会发现Kimi账户默认有15元赠送金额，足够用于学习测试，如图4-85所示。

② 新建API Key。

单击左侧的“API Key管理”，新建API Key。这里需要注意官方的提示，特别是“秘钥只会在新建后显示一次，请妥善保存”，如图4-86所示。

根据需求输入API Key名称和所属项目，项目可选择默认default，然后单击确认按钮。

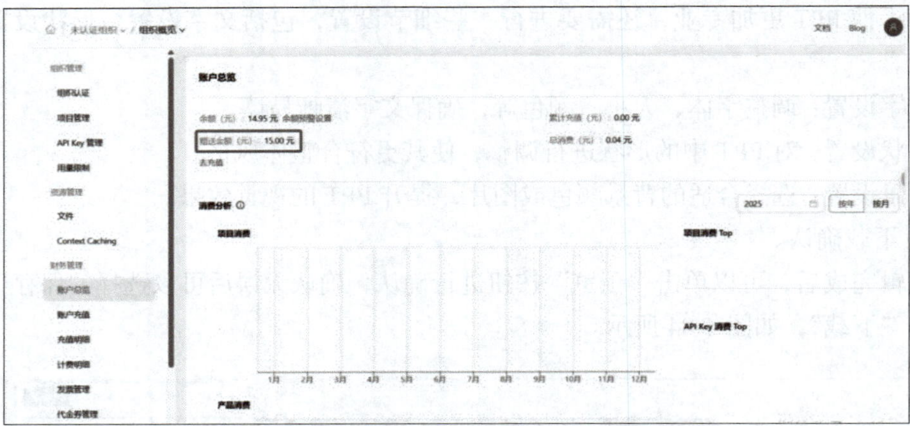

图 4-85　获取 Kimi 的 API Key

图 4-86　新建 API Key

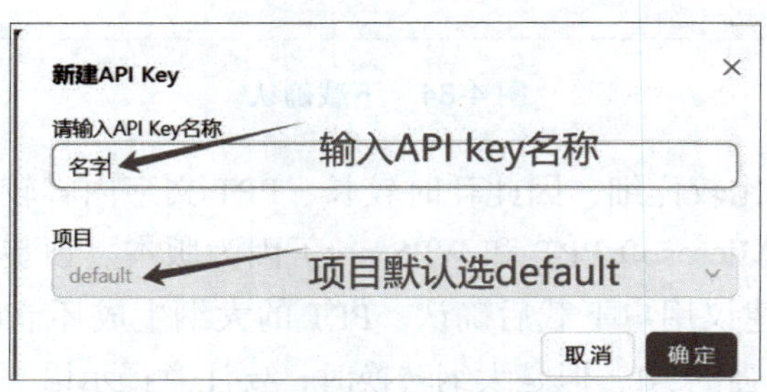

图 4-87　API Key 名称和所属项目

③ 记录密钥。

出于安全原因，用户可以将密钥复制下来并保存到其他位置，如图 4-88 所示。

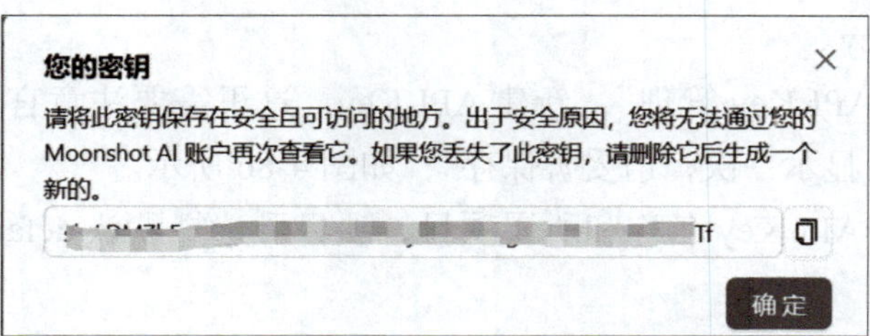

图 4-88　记录密钥

④ 启用 PPT 的开发者工具并对其设置信任。

打开 PPT，依次单击“文件→选项→自定义功能区”，勾选“开发工具”，然后单击“确定”按钮，如图 4-89 所示。

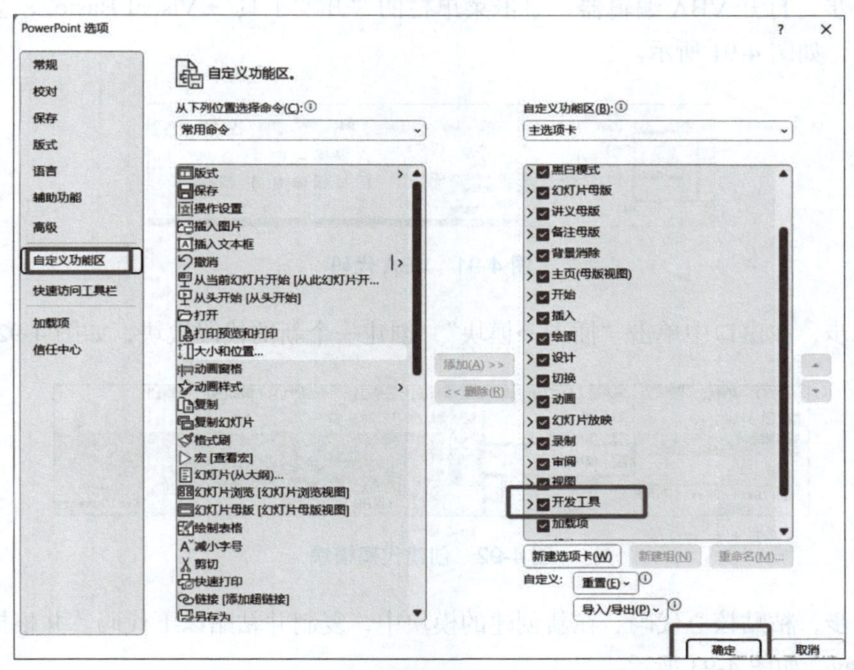

图 4-89　设置信任

这一步会在 PPT 的菜单栏中增加一个“开发工具”选项卡，后续的操作都需要通过这个选项卡进行。

⑤ 调整信任设置。

单击“文件→选项→信任中心→信任中心设置→宏设置”，勾选“启用所有宏”和“信任对 VBA 工程对象模型的访问”，然后依次单击“确定”按钮，如图 4-90 所示。

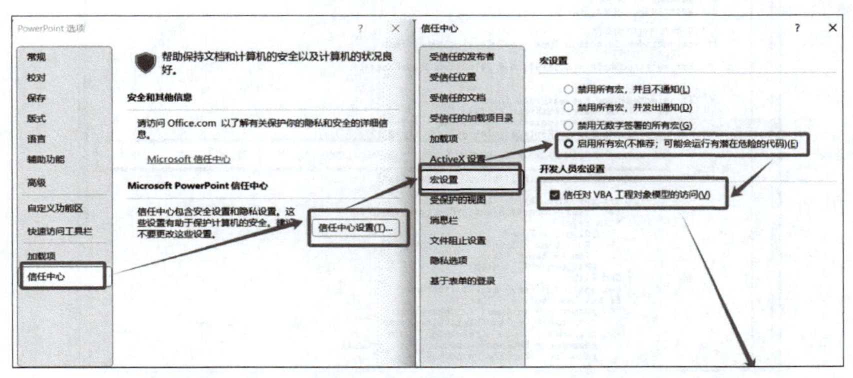

图 4-90　调整信任设置

⑥ 编写 VBA 代码。

接下来是最关键的一步，用户需要在 PPT 中编写 VBA 代码，连接 DeepSeek 的 API 并实现功能。具体步骤如下。

第一步，打开 VBA 编辑器，单击菜单栏的“开发工具→ Visual Basic”，会弹出一个新窗口，如图 4-91 所示。

图 4-91　VBA 代码

第二步，在窗口中单击“插入→模块”，创建一个新的代码模块，如图 4-92 所示。

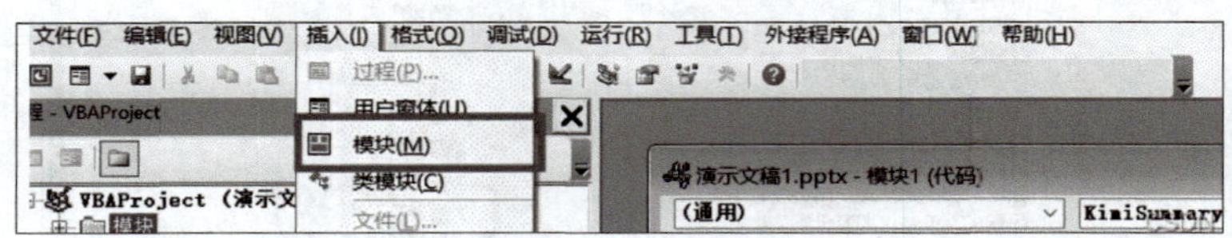

图 4-92　创建代码模块

第三步，粘贴核心代码。在新创建的模块中，复制并粘贴以下代码，并根据需要修改 API Key，如图 4-93 所示。

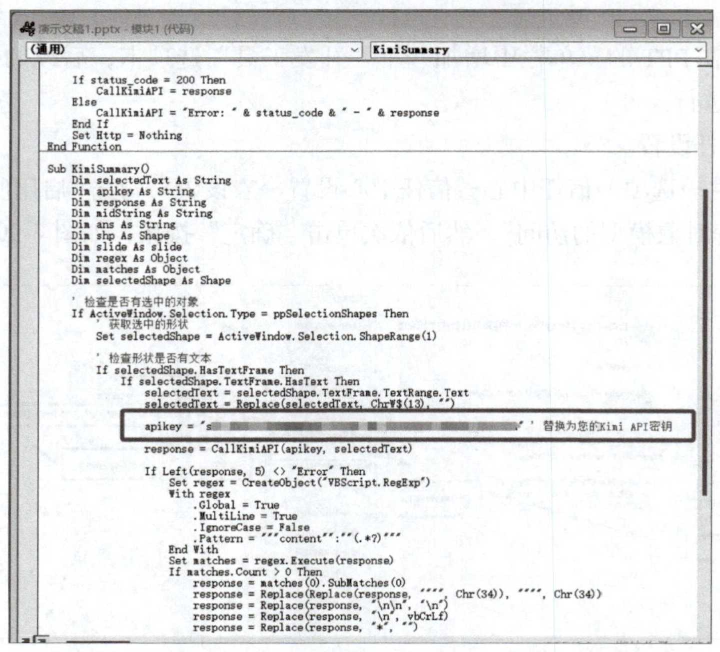

图 4-93　粘贴核心代码

注意：将代码中的 apikey 替换为前文获取的 Kimi API Key。

⑦自定义功能区。

为了让操作更加方便，用户可以在 PPT 的菜单栏中添加一个按钮，用来触发 DeepSeek 的功能，具体步骤如下。

首先，添加自定义按钮。单击“文件→选项→自定义功能区”，右击“开发工具”，选择“新建组”，如图 4-94 所示。

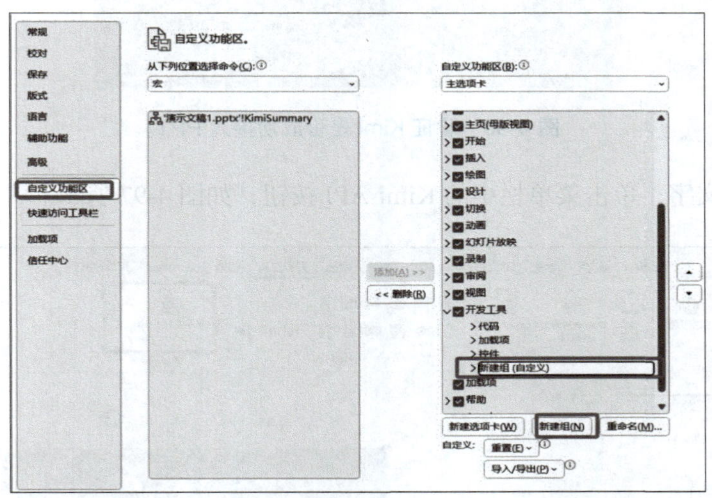

图 4-94 添加自定义按钮

然后，选中新建的组，右击重命名为 DeepSeek，并为其选择一个图标。

最后，绑定宏到按钮。在左侧的命令列表中选择“宏”，找到刚才创建的宏。单击“添加”按钮，将宏绑定到右侧的 DeepSeek 组中，并单击“确定”按钮，如图 4-95 所示。

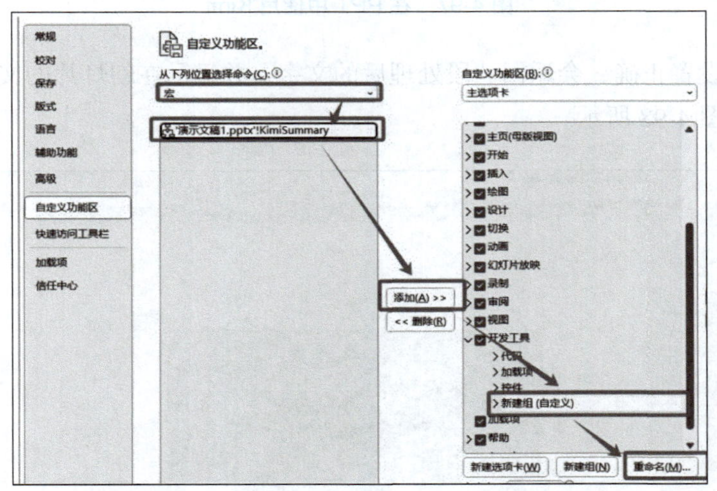

图 4-95 将宏绑定到按钮

⑧ 测试功能。

打开一个 PPT，选中一个形状，输入一些文字，如“你好，Kimi！”，如图 4-96 所示。

图 4-96　验证 Kimi 是否成功接入 PPT

选中这段文字，单击菜单栏中的 Kimi API 按钮，如图 4-97 所示。

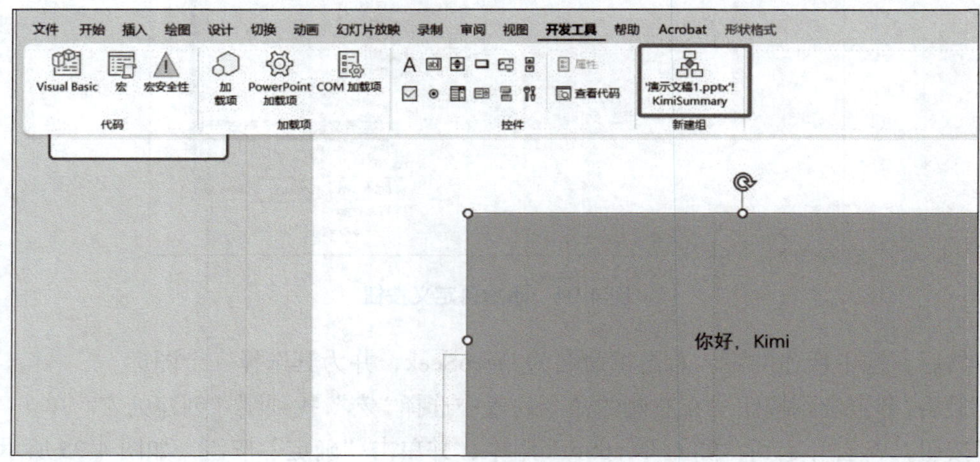

图 4-97　在 PPT 中使用 Kimi

如果一切设置正确，会返回一段处理后的文字，并显示在幻灯片的文本框中，表示测试成功，如图 4-98 所示。

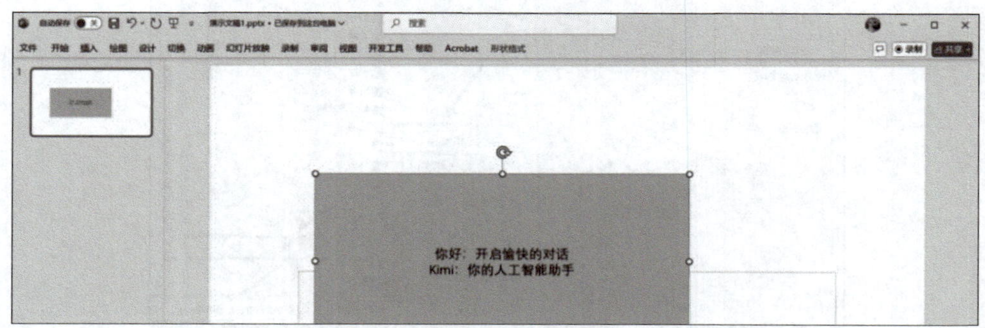

图 4-98　测试成功

2. 豆包 AI

豆包 AI（App）是字节跳动基于云雀模型开发的智能助手应用，功能强大且实用，它支持多模态交互，用户可通过语音、文字与其聊天，还能根据喜好定制不同音质和智能体，如图 4-99 所示。在学习场景中，它能辅助解题、讲解知识点；工作场景里，可助力写文案、做 PPT、处理数据；生活场景下，能规划旅游、提供健康建议。同时，它具备翻译、网页解析、文档阅读等功能，可快速提炼关键信息，打破语言与信息壁垒，为用户提供便捷、智能、全面的生活与工作辅助。

图 4-99 豆包 AI

豆包依托强大的 AI 技术为用户提供多样化功能，涵盖学习、工作、生活等多个场景。以下从核心功能展开介绍。

（1）智能问答与知识检索。

支持多领域问题解答，涵盖科学、技术、历史、文化等，提供准确信息与详细解释。

支持实时搜索，确保信息时效性，例如查询最新科技动态或时事新闻。

（2）文本生成与辅助创作。

写作助手：提供文案、故事、论文等生成服务，支持多文体与风格调整（如正式、轻松、学术）。

内容优化：辅助润色、语法检查、逻辑梳理，提升文本质量。

学习辅助：生成知识点总结、复习提纲，辅助学生高效学习。

（3）多模态交互能力。

语音对话：支持自然语言交互，用户可以通过语音提问或指令操作（如设置提醒、查询天气）。

图像生成：根据文字描述生成图片，支持创意设计、配图等场景。

文档解析：用户上传 PDF、Word 等文件后，豆包可以快速提取关键信息，生成摘要或分析报告。

（4）实用工具集成。

翻译服务：支持多语言互译，覆盖文本、语音、图片翻译需求。

日程管理：设置提醒、待办事项，同步至手机日历。

计算与单位换算：快速解决数学问题、单位转换等实用需求。

案例：提供一个主题“人生路漫漫其修远兮”，生成歌词并完成音乐的创作，如图 4-100 所示。

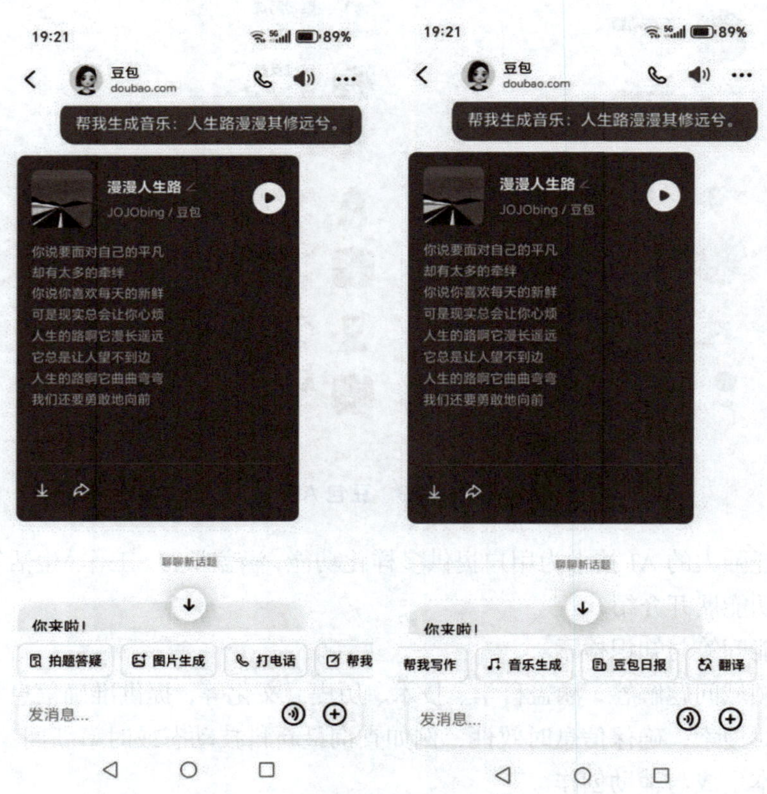

图 4-100　案例呈现

3. DeepSeek

DeepSeek 是杭州深度求索人工智能基础技术研究有限公司推出的 AI 助手，于 2025 年 1 月上线。它基于通用人工智能（Artificial General Intelligence，AGI）技术研发，具备强大的自然语言处理能力，支持多领域任务，如数理计算、代码生成、内容创作等。其核心模型 DeepSeek-R1 以低成本实现高性能，推理成本仅为 GPT-o1 的十分之一，且支持联网搜索，确保信息实时性。此外，DeepSeek 提供免费使用的 App 和开放 API，支持多语言、多设备，并采用高级加密技术保障用户数据安全，可以广泛应用于办公、学习、创意等多个场景。

DeepSeek 核心技术基于大语言模型，核心能力是理解问题、分析需求，从而生成文字、数据、代码等结果，具有以下三大友好设计。

（1）零门槛交互。

支持语音输入（对打字慢的用户友好）；允许语法错误：即使中英文混杂或句子不完整，AI 也能猜出用户的大致意思。

（2）渐进式引导。

新用户首次登录时，弹出浮窗提示“试试这样问：帮我写工作总结”，输入框下方常驻示例问题，单击即可一键发送。

（3）安全兜底。

回答错误时，可直接单击“反馈”按钮修正 AI。遇到敏感问题会自动提示“仅供参考，请咨询专业人士”。

DeepSeek 界面有 5 大核心功能区，输入框的位置在页面最下方，操作方式为直接打字或粘贴文字，支持换行（使用 Shift+Enter 快捷键），也可以通过单击右侧图标实现语音输入。输入问题的正确操作示范是：单击输入框，描述需求，无需专业术语；推荐格式为：“动作 + 要求”。

错误示范为：“怎么写简历？”

正确示范为：“帮写一份应届生求职简历，应聘新媒体运营，突出实习经验和排版技能”，然后等待响应，回答生成时，界面会显示“思考中⋯”和进度条，若超过 10 秒无响应，可尝试刷新页面或切换网络。答案分段显示，重点内容自动加粗或标蓝，遇到长文本时，单击“展开全部”按钮查看完整内容。若对答案不满意，单击“重新生成”让 AI 换一种风格重写，输入更具体的指令，如“请缩短到 200 字以内”。若用户需要连续对话，直接在输入框追加问题，如“再给一个科技行业的简历模板”，AI 会自动关联上下文，无须重复说明背景。

请读者通过下面的小练习，完成与 DeepSeek 的对话。

任务 1：获取明日天气。

输入：“文山明天会下雨吗？需要带伞吗？”

观察 AI 是否给出温度和降雨概率。

任务 2：生成周报模板。

输入："创建一个销售人员的周报模板，包含数据总结和下周计划"。练习将结果复制到 Word 文档。

任务 3：追问优化。

在任务 2 的答案后追加："把模板改成表格形式，加上示例数据"。

下面介绍 DeepSeek 的高级使用技巧，通过多轮对话进阶，做到像导演一样控制 AI。

（1）追问细化法：从粗糙到精细的案例。

场景：用户需要一篇关于"健康饮食"的演讲稿，但 AI 首次生成的内容太笼统。追问细化法多轮对话进阶如表 4-2 所示。

表4-2 追问细化法多轮对话进阶

对话轮次	你 的 指 令	AI 优化方向
第一轮	"写一篇健康饮食的演讲稿"	生成通用模板，结构完整但无针对性
第二轮	"加入针对办公室久坐人群的饮食建议"	增加"防颈椎病食谱""零食替代方案"模块
第三轮	"在开头添加一个真实案例：程序员因饮食不当住院"	插入故事化引入，增强说服力
第四轮	"最后用排比句总结，号召每周制定食谱"	强化结尾感染力

操作的口诀是："先骨架→补细节→加案例→调情绪"，每次只优化一个维度，避免指令混杂。

（2）指令控制术：6 大高频控制命令如表 4-3 所示。

表4-3 6大高频控制命令

指令类型	输 入 格 式	效　　果
切换角度	"用消费者视角重写这段产品描述"	避免"自嗨式"文案，更贴近用户需求
强制分步	"分三步解释区块链原理，每步配图"	拆解复杂概念，可视化呈现
限制输出	"用 200 字解释，禁止使用专业术语"	确保内容简洁易懂
假设验证	"如果预算减少 50%，方案该如何调整？"	拓展 AI 的推理能力
混合任务	"先总结这篇文章，再生成 5 个讨论问题"	单次对话处理多任务
反向纠正	"你刚才提到的数据不准确，请重新核对"	修正 AI 错误，保持信息可靠性

DeepSeek 作为人工智能技术的一部分，其应用已深度渗透社会各领域，并重塑了生产生活范式。在医疗领域，人工智能技术通过医学影像分析辅助疾病诊断，结合基因数据设计个性化治疗方案，并加速药物研发；在金融行业，人工智能技术实现智能风控与投顾决策，优化资产配置策略，同时通过自动化交易提升市场响应效率；在制造业中，人工智能技术优化生产流程并预测设备维护需求，降低非计划停机风险；在教育场景，人工智能技术提供虚拟辅导、定制学习路径与智能批改服务，促进教育公平化。人工智能技术的核心价值在于突破人类认知与算力边界，将复杂问题转化为数据驱动的解决方案，推动社会向智能化、精准化方向演进。

4.4 课后习题

1. 以“人工智能在现代教育技术中的应用”为主题，用搜索引擎找出3个实际案例并简述其应用价值。

2. 找出专业相关的1~2个核心词，登录知网检索近3年的核心期刊论文，筛选出3篇高被引文章，总结其研究方法及核心结论，形成200字简述。

3. 以“大学生职业生涯规划”为主题，运用思维导图工具创建中心主题，下设“自我评估”“职业定位”“技能提升”“执行时间表”分支。用颜色区分模块，用图标标记任务优先级，超链接关联课程资源，插入职业路径示意图，导出导图。

4. 制作一部以“校园生活精彩瞬间”为主题的短视频（时长2~3分钟）。

（1）素材整理与剪辑。

导入至少10段校园相关素材（如课堂、社团活动、运动会、校园风景等），完成素材筛选、排序与粗剪，去除冗余片段。

（2）转场与特效应用。

灵活使用至少5种转场效果（如缩放、旋转、模糊渐变），增强视频流畅性；添加2~3个动态特效（如光影粒子、动态贴纸），突出关键场景。

（3）音频处理。

搭配背景音乐，调整音量曲线，避免音乐盖过人声；录制或添加旁白，解释画面内容，增强叙事感。

（4）字幕与调色。

添加关键场景字幕，使用样式模板统一字体风格；应用全局滤镜或局部调色，优化画面色彩表现。

（5）创意与细节。

设计片头、片尾，使用关键帧动画提升动态效果；添加趣味贴纸或表情包，贴合年轻化风格。

（6）成果提交。

导出高清视频（MP4格式，分辨率≥1080P），并附100字创作说明，阐述剪辑思路、特效选择理由及软件功能应用亮点。

5. 用Focusky中的模板快速地制作出好看的多媒体幻灯片。

使用在线模板制定暑假度假计划，案例中适当加入媒体元素（例如图片、文字、音频、视频等），设置适当动画，为其添加背景音乐。

6. 以“人工智能赋能现代教育技术的智慧课堂创新设计与实践”为主题，通过Kimi与DeepSeek的协同工作，完成从内容生成、逻辑优化到视觉设计的PPT全流程制作。

基本步骤：在Kimi中生成大纲→在DeepSeek中优化内容→返回Kimi生成PPT→插入DeepSeek生成的脚本或图表。具体操作如下。

（1）主题输入。

在 Kimi 中输入主题“人工智能赋能现代教育技术：智慧课堂创新设计”，并提出需求。内容方向包括 AI 工具在教育中的核心应用、典型场景案例与创新设计框架。

设计要求：生成逻辑清晰的大纲；插入课堂提问、AI 工具实操演示等互动环节。

（2）DeepSeek 协同优化。

将 Kimi 生成的大纲导入 DeepSeek，要求：补充相关细节；增加批判性思考；生成课堂活动脚本。

（3）PPT 生成与优化。

返回 Kimi，选择“教育科技”主题模板，自动生成包含文字、图表、动画的 PPT 初稿。使用 Kimi 的智能排版功能调整配色方案、替换素材。

（4）实践成果提交。

PPT 文件：包含技术原理、案例分析、课堂方案等。

设计文档：说明 Kimi 与 DeepSeek 在内容生成、逻辑优化、视觉设计中的具体分工。

第5章 教学设计与实施

在教学工作中，教师既要对教学的各个环节进行精心规划，确保其有序开展，又要善于运用教学智慧，根据学生在教学过程中的实际反馈，灵活调整教学设计，以充分发挥教学智慧。教学应以素养为导向，秉持育人为本的理念，注重课程的一体化设计。在教学目标的设定中，要融入思想性教育，使学生在学习知识的同时，树立正确的价值观。课程内容的编排要增强科学性、系统性和时代性，紧跟时代发展，确保知识的前沿性和实用性。教学活动的设计则要提升综合性和实践性，通过多样化的活动形式，培养学生的综合能力。借助 AI 技术，教师可以更精准地把握学生的学习进度和需求，实现个性化教学，从而培养出"有理想、有本领、有担当"的时代新人。同时，AI 的应用也有助于教师克服教学活动的盲目性，提升教学的有效性和可控性，让教学更加科学、高效。

本章目标

（1）熟悉教学设计的基本概念、原理及内容，了解 AI 在教学设计中的应用方式。

（2）能够阐述课堂教学、在线教学、混合式教学和智慧课程教学设计的流程和方法，说明融合 AI 技术优化教学方案的思路。

（3）能够运用相应的评价方法对课堂教学、在线教学与混合式教学和智慧课程教学设计方案进行评价，清楚借助 AI 工具提升评价精准性的途径。

学习建议

（1）学习重点在于熟悉教学设计的基本流程与核心内容，包括课堂教学、在线教学、混合式教学和智慧课程教学方案的设计，掌握其评价方法与技能，同时了解 AI 在教学设计中的应用情况。

（2）课前活动：建议浏览本章的教材内容，熟悉课堂教学、在线教学、混合式教学和智慧课程教学设计方法与技能，关注 AI 在教学设计中的运用形式。

（3）课后活动：要求读者完成本章的实践项目，独立设计一份教学方案，并在小组内进行交流与讨论，分析 AI 在方案中的应用效果。

5.1 教学设计概述

5.1.1 教学设计的基本概念

1. 教学设计的含义

教学设计是依据课程标准和教学对象特点，运用系统科学方法分析教学问题和需求，确立解决问题的步骤和方案，并有序安排教学要素，形成合适教学方案的过程。美国著名的教育心理学家加涅将其定义为“对促进学习的资源和程序的安排”。

教学设计具备如下要点。

（1）以需求分析为基础：教学设计以分析教学需求为起点，目的是形成解决教学问题、满足教学需求的步骤和方案。

（2）综合运用多种理论和方法：在教学设计过程中，会综合运用现代学习理论、教学理论、教育传播理论、教学媒体理论和系统科学理论等相关理论和方法，并结合 AI 技术以提升教学效果。

（3）系统性与程序性：教学设计是一个系统地设计和开发教学材料的过程，有一套具体的操作程序，也被称为教学系统设计。它强调教学活动的循序操作，突出教学在促进学习过程中的程序化与计划性。

（4）检验与优化：形成的方案或产物必须按照程序进行检验、评价，尤其是借助 AI 工具进行效果评估和优化。

（5）具体产物：教学设计的具体产物是经过验证的教学系统，如教学方案、教学软件或教学资源等，且可借助 AI 技术增强其功能和适应性。

2. 教学设计的特点

教学设计是一种以解决教学问题、提升学习效果为目标的特殊设计活动，它既具备设计学科的一般属性，又须遵循教学的基本规律，随着 AI 技术的融入，其特征愈发显著，具体表现为以下几点。

（1）系统性与协同性。

教学设计运用系统方法，深入探究教学体系中各要素之间以及要素与整体之间的内在联系，借助 AI 技术对这些关系进行分析和优化。在设计过程中，全面考量并协调各要素，使其有机结合，构建高效的教学体系。若忽视各元素及其相互关系，尤其是缺乏 AI 的动态分析与调整，教学方案将难以达成预期目标。

（2）计划性与优化性。

教学设计是针对影响教学效果的诸多要素进行具体规划的过程，并利用 AI 工具开展精准分析与优化。其研究内容涵盖不同层次的教学与学习系统，包括促进学生学习的内容、条件、资源、方法、活动等，AI 技术在此过程中提供数据支持与智能推荐。

（3）实用性与创新性。

教学设计的宗旨是将学习理论、教学理论等基础理论的原理和方法，结合 AI 技术，转化为解决教学实际问题的方案。它并非旨在发现尚未知晓的教学规律，而是运用已知规律和 AI 工具创造性地解决教学问题。教学设计的成果是经过验证的、能够实现预期功能的教学系统实施方案，包括教学目标以及为达成目标所需的教学活动、实施计划及相关支持材料，这些方案还可借助 AI 进一步优化和验证。

（4）动态性与开放性。

教学设计本身是一个动态发展的概念，不断走向成熟和完善。它持续吸收相关学科和领域的研究成果，尤其是 AI 技术的最新进展，拓展自身研究和实践领域。在教学设计过程中，处处体现动态和开放的特征，“反馈—修正”的循环在 AI 的支持下更加高效精准。正是凭借这种包容开放的视野，教学设计才能不断优化。

5.1.2 教学设计的基本过程

常用的经典教学设计模型有 ADDIE 模型、ASSURE 模型和 BOPPPS 模型，此处以 BOPPPS 模型为代表介绍教学设计模型包含的要素，并以具体的例子加以说明。

BOPPPS 模型是一种以学生为中心的教学设计模型，广泛应用于课堂教学中，包括导入（Bridge-in）、目标陈述（Objectives）、前测（Pre-assessment）、参与式学习（Participatory Learning）、后测（Post-assessment）和总结（Summary）六部分。结合 AI 技术，BOPPPS 模型能够更好地提升课堂教学效果，为教师的教学设计提供更具针对性的指导，融合 AI 技术的 BOPPPS 模型如图 5-1 所示。

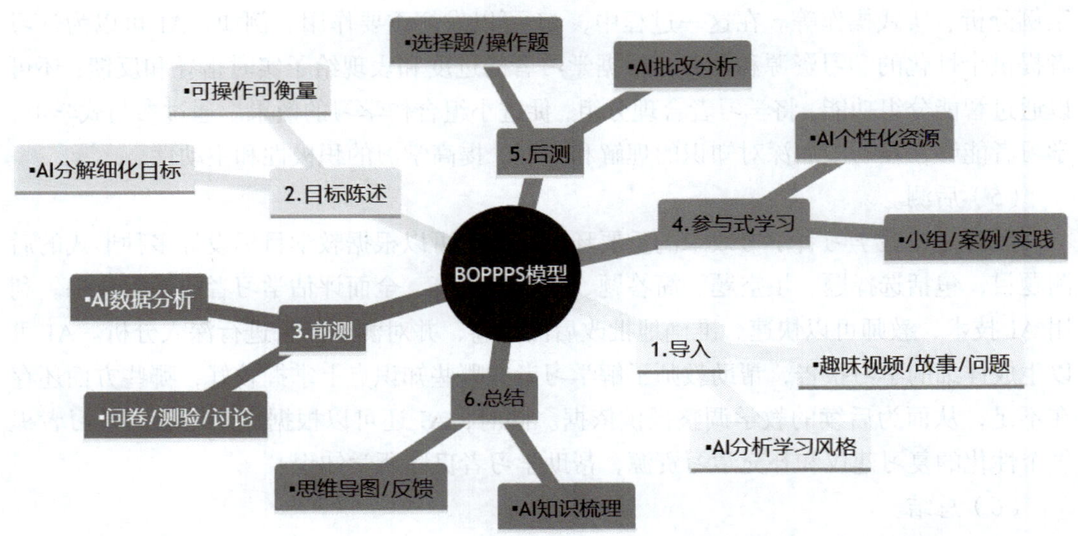

图 5-1 融合 AI 技术的 BOPPPS 模型

BOPPPS 模型各部分的具体内容如下。

（1）导入。

导入是教学活动的开端，目的是吸引学习者的注意力，激发他们的兴趣和学习动机。教师可以利用 AI 工具分析学习者的学习风格和兴趣点，从而选择合适的导入方式，例如播放一段与课程相关的趣味视频、讲述一个引人入胜的故事、提出一个引发思考的问题等。通过这种方式，帮助学习者从课前状态快速进入学习状态，为后续教学活动奠定基础。

（2）目标陈述。

目标陈述是明确教学方向的关键环节。教师需要清晰地向学习者说明通过本节课的学习，他们将能够掌握哪些知识、技能，以及达到何种程度。借助 AI 技术，教师可以对教学目标进行精准的分解和细化，确保目标具有可操作性和可衡量性。同时，AI 还可以辅助教师根据学习者的实际情况，调整目标的难度和层次，使其更具针对性，让学习者明确学习的方向和重点。

（3）前测。

前测是了解学习者学习起点的重要手段。在教学活动正式开始之前，教师可以通过问卷调查、小测验、小组讨论等方式，对学习者已有的知识基础、技能水平和学习态度进行评估。利用 AI 技术，教师可以快速收集和分析前测数据，从而准确把握学习者的起点，为后续的教学设计提供依据。例如，AI 可以根据前测结果为学习者提供个性化的学习路径建议，帮助教师更好地因材施教。

（4）参与式学习。

参与式学习是 BOPPPS 模型的核心环节，强调学习者的主动参与和互动。教师可以根据教学目标和学习者的特点，设计多样化的学习活动，例如小组讨论、角色扮演、案例分析、实践操作等。在这一过程中，AI 可以发挥重要作用。例如，AI 可以为学习者提供个性化的学习资源和任务，根据学习者的进度和表现给予实时指导和反馈；还可以通过智能分组功能，将学习者合理分组，促进小组合作学习的效果。通过参与式学习，学习者能够在互动中加深对知识的理解和掌握，提高学习的积极性和主动性。

（5）后测。

后测是检验学习者学习效果的重要环节。教师可以根据教学目标设计多种形式的后测题目，包括选择题、填空题、简答题、实践操作等，全面评估学习者的学习成果。利用 AI 技术，教师可以快速、准确地批改后测试卷，并对测试结果进行深入分析。AI 可以生成详细的学习报告，帮助教师了解学习者在哪些知识点上掌握较好，哪些方面还存在不足，从而为后续的教学调整提供依据。同时，AI 还可以根据后测结果为学习者提供个性化的复习建议和补充学习资源，帮助学习者巩固所学知识。

（6）总结。

总结是对本节课教学内容的回顾和梳理，帮助学习者巩固记忆，加深理解。教师可以通过回顾教学目标、总结重点内容、回答学习者的问题等方式，引导学习者对本节课的学习进行总结。结合 AI 技术，教师可以利用智能教学平台为学习者提供总结性的学习材料，例如思维导图、知识框架图等，帮助学习者系统地梳理知识体系。同时，AI 还可以根据学习者的学习情况，为他们提供个性化的总结反馈，指出学习者在本节课中的优点和不足，鼓励学习者在后续学习中不断进步。

下面以小学语文中《小蝌蚪找妈妈》这一篇课文为例，说明 BOPPPS 模型各环节的设计。

（1）导入。

用 DeepSeek 等 AI 对话工具，输入学生以往学习语文的兴趣点等信息，分析出他们对故事类文本的喜爱程度较高。同时，借助学习风格分析的 AI 工具，了解到班级学生多为视觉型学习风格，就确定视频这种导入方式更契合学生特点。于是，教师选择播放一段《小蝌蚪找妈妈》的趣味动画视频作为导入，吸引学生注意力，让学生快速进入学习状态，引出本节课围绕小蝌蚪故事展开学习的主题。

（2）目标陈述。

教师运用教学目标分解的 AI 软件，将本节课目标进行细化。例如，将原本笼统的“学会课文生字词，理解故事内容”分解为：能正确认读“灰、迎”等 10 个生字，会写“两、就”等 6 个字；能按顺序说出小蝌蚪变成青蛙的几个阶段；能有感情地朗读课文，分角色表演故事对话等具体可操作、可衡量的小目标，并清晰地向学生说明，让学生明白本节课要学什么、学到什么程度。

（3）前测。

借助在线问卷工具（如问卷星）发布前测问卷，问题包括“你之前读过《小蝌蚪找妈妈》这个故事吗？”“你知道小蝌蚪的妈妈是谁吗？”等，收集学生已有的知识基础。利用 AI 数据分析功能，快速统计出有多少学生已读过故事、对青蛙外形等基础知识的掌握情况，从而把握学生起点，看有多少学生对课文内容完全陌生，有多少是有一定基础的，为后续教学设计难易程度合适的教学内容做准备。

（4）参与式学习。

教师设计小组讨论活动，让学生交流“小蝌蚪在找妈妈过程中遇到了哪些困难，是怎么克服的”，利用 AI 智能分组工具，根据学生平时的语文成绩、性格特点等将学生合理分组，让每组成员搭配均衡，促进小组合作讨论效果。同时，为各小组提供个性化的学习资源，例如，针对基础薄弱的小组推送带有生字注音的课文段落，针对基础较好的小组推送拓展的课外同类故事，AI 能根据学生互动表现给予实时指导，如小组讨论跑题时及时纠正，引导学生深入学习。

（5）后测。

通过在线测试平台发布后测题，题型有选择题（如“小蝌蚪的尾巴是怎样的？A. 长长的 B. 短短的”）、填空题（如“小蝌蚪最后变成了______”）、操作题（让学生在图中标出小蝌蚪成长顺序）等。AI 快速批改后，生成详细学习报告，呈现学生对生字词掌握程度、对故事发展理解等各知识点的得分情况，教师据此了解学生学习效果，为后续复习巩固或下一课时教学调整做准备。同时，AI 依此为学生提供个性化复习建议，例如，给没掌握“灰”字写法的学生推送专项练字视频等。

（6）总结。

教师借助 AI 思维导图工具（如 Mindshow），将本节课重点内容生成思维导图，包括课文生字词、小蝌蚪成长过程关键节点、故事蕴含的道理等，直观呈现知识框架，帮助学生梳理所学知识。同时，结合学生课堂表现数据，用 AI 分析学生优点（如哪些小组讨论积极、哪些学生朗读有感情）、指出不足（如生字书写错误较多的字），给出个性化总结反馈，鼓励学生后续继续努力。

5.1.3 教学设计的主要内容

教学设计的基本内容主要包括教学目标分析、学习者特征分析、教学过程设计、教学环境与资源设计、教学评价设计五个部分。

1. 教学目标分析

教学目标是希望通过教学过程，明确学生在思维、情感和行为上发生改变的阐述。教学目标决定着教学的总方向、学习内容的选择、教学活动的设计以及教学策略的选择，不仅是教学活动的导向，也是教学评价的基础。在对教学目标进行分析时，首先要了解教学目标的分类，进而在此基础上更好地制订教学目标。教学目标一旦确定下来，就要用可评价的方式表述出来，以指导教学策略选择与活动设计、教学评价设计等环节。在这一过程中，可以借助 AI 技术对目标进行精准分析和优化。这里主要介绍布卢姆（B.S. Bloom）的教学目标分类。

（1）布卢姆的教学目标分类。

布卢姆等美国学者将教学目标分成三个领域，即认知领域、情感领域和动作技能领域。20 世纪 90 年代，布卢姆的早期学生洛林·安德森（Lorin W. Anderson）和大卫·克拉斯沃尔（David R. Krathwohl）对布卢姆的教育目标分类理论进行修订，并于 2001 年出版《学习、教学和评估的分类：布卢姆教育目标分类学（修订版）》一书。

在修订后的布卢姆认知目标分类中，认知领域按智能特性的复杂程度分为记忆、理解、应用、分析、评估、创造六个水平等级；情感领域分为注意、反应、价值判断、组织化和内化五个水平等级；动作技能领域则按肌肉与神经需求的动作协调程度分为模仿、操作、精确和连接四个水平等级。在实际教学设计中，可以利用 AI 工具对教学目标进行分类分析，确保目标的科学性和可操作性，具体如表 5-1 所示。

表5-1　修订后的布卢姆教育目标分类体系及其与AI工具结合的呈现表

领域	水平等级	描　述	AI 工具的应用
认知领域	记忆	回忆或识别信息，如事实、术语、基本概念等	通过自然语言处理技术，帮助教师识别教学目标中是否涉及记忆层面的内容，例如提取关键词、定义等
	理解	解释信息，如说明、概括、分类等	利用语义分析功能，判断教学目标是否要求学生对知识进行理解，例如能否用自己的话解释概念
	应用	将知识应用于新情境，如解决问题、执行操作等	分析教学目标是否包含应用知识解决实际问题的要求，例如通过案例分析判断目标是否达到应用水平
	分析	将知识分解为组成部分，如比较、对比、区分等	识别教学目标中是否要求学生对知识进行分析，例如是否需要对复杂问题进行分解
	评估	对知识或作品进行评价，如判断、推荐、辩护等	检测教学目标是否涉及评价能力，例如是否要求学生对观点或作品进行批判性思考
	创造	生成新的想法或产品，如设计、构建、创作等	确认教学目标是否鼓励学生进行创造性思考，例如是否要求学生提出新的解决方案或创意
情感领域	注意	对特定事物或现象的关注	通过文本分析，判断教学目标是否要求学生关注特定的情感或态度对象
	反应	对事物或现象做出情感反应	分析教学目标是否要求学生对情感或态度对象产生积极或消极的反应
	价值判断	对事物或现象的价值进行判断	检测教学目标是否涉及价值观念的形成或判断，例如是否要求学生对道德问题进行思考
	组织化	将价值观整合到自己的价值体系中	确认教学目标是否要求学生将新价值观与已有价值观进行整合
	内化	将价值观转化为个人的行为习惯	分析教学目标是否要求学生将价值观转化为实际行动
动作技能领域	模仿	通过观察模仿他人的动作	利用动作识别技术，帮助教师设计模仿动作的教学目标，例如通过视频分析判断学生是否达到模仿水平
	操作	独立完成动作操作	分析教学目标是否要求学生独立完成动作技能操作，例如是否需要进行实际操作练习
	精确	动作达到精确程度	通过动作分析工具，检测教学目标是否要求学生达到精确的动作技能水平
	连接	将多个动作技能组合成复杂动作	确认教学目标是否要求学生将多个动作技能进行整合，例如是否需要完成复杂的动作序列

（2）新课程改革的教学目标分类。

2001 年 6 月，教育部发布的《基础教育课程改革纲要（试行）》将教学目标分为知识与技能、过程与方法、情感态度与价值观三个方面，构成了课程的“三维目标”体系，强调每一门学科都要在课程的总体目标上落实这三个维度的目标。

2014 年 3 月，教育部发布的《关于全面深化课程改革落实立德树人根本任务的意见》首次提出了“核心素养”的概念。

2016 年 9 月，中国学生发展核心素养总体框架正式发布，以培养“全面发展的人”为核心，从文化基础、自主发展、社会参与三个方面，凝练出人文底蕴、科学精神、学会学习、健康生活、责任担当、实践创新六大素养。

2017 年底，基于学科核心素养的高中新课程标准发布，核心素养开始进入课程并走进中小学教学实践。

2018 年 8 月，教育部将指导学校积极探索基于学科核心素养的教学策略和评价方式列为重点任务之一。

2019 年 4 月，教育部发布《关于做好 2019 年普通高校招生工作的通知》，指出将深化考试内容改革，以立德树人为鲜明导向，推动核心素养在教学和考试中的落地落实，助力高中育人方式改革。

核心素养是对三维目标的传承与超越，也是对三维目标的提炼与整合，将知识与技能、过程与方法提炼为能力，将情感、态度、价值观提炼为品格。能力和品格的形成是三维目标的有机统一。核心素养来自三维目标且高于三维目标，是内在的，从人的品格中界定课程与教学的内容和要求，而三维目标是由外在走向内在的中间环节。在教学设计中，借助 AI 技术可以更好地实现三维目标与核心素养的融合，通过数据分析和智能评估，为学生提供个性化学习路径，促进核心素养的培养。

2022 年 4 月，教育部印发《义务教育课程方案和课程标准（2022 年版）》，介绍了新修订的义务教育课程方案和语文等 16 门学科的课程标准。该标准强调课程建设要以核心素养为导向，体现正确价值观、必备品格和关键能力的培养要求，摒弃将知识和技能的获得简单等同于学生发展的目标取向，将知识、技能和态度整合于核心素养之中，超越三维目标，落实核心素养，培养“有理想、有本领、有担当”的时代新人。

从“双基”走向“三维目标”，再到如今的“核心素养和学科核心素养”，课程目标经历了从 1.0 迈向 2.0 再到 3.0 的升级。这一过程遵循教育规律，体现国家意志，落实立德树人根本任务，坚持与时俱进，反映经济社会发展的新变化以及科学技术进步的新成果。在这一迭代升级过程中，AI 技术可以为教学设计提供支持，通过精准分析学生的学习需求和能力水平，助力核心素养的培养，推动课程目标的实现。

2. 学习者特征分析

教学设计的核心在于助力学习者成长，学习者会带着自身原有的知识、技能和态度踏入新的学习场景。教学系统能否契合学习者的特质以及契合程度，是衡量教学设计是否成功的决定性因素。深入剖析学习者特征是实现个性化教学与因材施教的基石。在分析学习者特征时，既要关注学习者之间稳定且相似的特征，也要考虑学习者之间变化和差异的特征。在教学设计实践中，教学设计者无法顾及所有学习者的特征，也并非所有特征都对教学设计具有实际意义。有些特征是可以干预的，而有些则不可干预。对于教学设计者而言，应聚焦于那些对学习者学习影响最大且可干预、可适应的特征要素。

例如，在进行“人工智能与日常生活”教学设计时，教学设计者需要进行基本的学习者特征分析，尤其是学习者的初始能力分析，因为这有助于更好地设计教学策略和教学活动。该教学的主要对象是初中七年级至八年级的学生，教师在开展教学之前，首先利用AI工具对学生进行学习者特征分析：① 学生对人工智能的基本概念有一定了解，但缺乏系统的学习；② 学生对人工智能的应用场景感兴趣，但不清楚其背后的原理；③ 学生在小组合作中表现出较强的学习意愿，但缺乏有效的合作技巧；④ 学生已具备在教师指导下进行简单探究和自主学习的能力。通过AI分析，教学设计者可以更精准地把握学生的学习需求，设计出更具针对性的教学方案。

3. 教学过程设计

教学过程设计主要包括教学活动的设计、教学策略的选择、教学媒体的选择、学习情境的设计等环节。

（1）教学活动的设计。

教学通过一定的活动形式展开，教学目标也在一个个教学与学习活动中得以实现，因此教学活动设计是教学过程设计的核心环节，其设计必须以实现教学目标为导向。教学活动通常是以教学班为单位的课堂教学活动，是师生为了达到教学目的而采取的行为系统，包括教学活动设计行为、教学活动实施行为和教学活动反思行为。课堂教学是学校教学工作的基本形式，它是一个完整的教学系统，由相互联系、前后衔接的环节构成。教学活动设计主要指在既定的教学情境中，师生围绕既定的教学内容，在课堂层面生成教学目标、整合教学内容、有序安排教学实践、反思与调整教学进程，形成可行的教学方案。在具体的课堂教学设计中，教学活动的设计主要包括以下两个方面。

一是根据教学目标和内容的排序，确定教师与学生的行为序列。教学活动是为达成教学目标而设计的，因此，教学活动设计首先需要根据教学目标和内容的顺序确定教师与学生的行为序列。经典的教学设计著作《教学设计原理》提出了"教学事件"（Instructional Events）的概念。加涅认为，学习的内部过程可以分为九个方面：警觉、期待、恢复工作记忆、选择知觉、语义编码、接受与反应、强化、暗示提取与概括，从这九个方面可以推导出促进学习的九个外部因素——教学事件。借助AI教师可以更精准地分析和优化这些教学事件，确保教学活动设计更加科学、高效，更好地服务于教学目标的实现。教学事件与AI技术优化示例如表5-2所示。

表5-2　教学事件与AI技术优化示例

学习的内部过程	教学事件	AI技术优化示例
警觉	吸引学习者的注意力	使用AI驱动的多媒体教学工具，如动态视频、交互式动画，根据学生的学习状态动态调整内容展示方式，吸引学生注意力
期待	明确学习目标	AI智能学习管理系统根据学生的学习进度和能力水平，个性化地展示学习目标，并通过智能提示帮助学生理解目标的重要性
恢复工作记忆	激活已有知识	AI辅助的记忆检索工具，通过智能测试和提示，帮助学生回忆相关知识，同时根据学生回忆情况调整复习内容
选择知觉	提供学习材料	AI智能内容推荐系统根据学生的学习风格和进度，精准推送适合的学习材料，如文本、图像、视频等，并实时调整内容难度

续表

学习的内部过程	教学事件	AI 技术优化示例
语义编码	指导学习	AI 智能辅导系统提供实时反馈和个性化指导，通过自然语言处理技术理解学生问题并给予精准解答，帮助学生进行语义编码
接受与反应	促进学习表现	AI 驱动的交互式学习平台，通过模拟真实场景和任务，鼓励学生积极参与并表现所学知识，同时记录学生表现数据
强化	提供反馈	AI 智能反馈系统根据学生的学习表现和数据，提供即时、个性化的反馈，包括错误纠正、优点表扬和改进建议
暗示提取与概括	评估学习效果	AI 智能评估工具通过数据分析和机器学习算法，对学生的学习效果进行全面评估，生成详细的报告并提供针对性的复习建议
概括与应用	促进知识迁移	AI 智能学习路径规划系统，根据学生的学习情况和目标，设计个性化复习计划和应用任务，帮助学生将知识迁移到新情境中

二是根据教学过程的变化，准备教学事件预案。教学是一个动态过程，有效的教学刺激进入教学过程后，教师与学生会产生反应。有些反应是可以预设的，处于情境之中；而有些反应则是意料之外的、即时生成的。教师需要灵活处理突发事件。利用 AI 技术可以实时监测教学过程中的动态变化，为教师提供即时反馈和调整建议，帮助教师更好地应对课堂中的各种突发情况。

（2）教学策略的选择。

教学策略是教学设计的核心，也是体现教育教学理念的关键要素。它指的是教师在教学过程中，为实现特定教学目标而采用的一系列系统化的行为方式。无论是国内还是国外，教学策略大多围绕如何呈现和转化课程内容展开。常见的教学策略包括讲授法、启发式教学法、先行组织者策略、演示法、谈话法、讨论法、操练法、示范—模仿法、操作—反馈法、协作法等。借助 AI 技术，教师能够依据学生的学习进度和特点，实时调整教学策略，从而实现个性化教学。

（3）教学媒体的选择。

媒体是承载、加工和传递信息的工具，当用于教学时，就被称为教学媒体。它是教学内容的载体和表现形式，也是师生传递信息的工具，常见的有实物、口头语言、图表、图像和动画等。教学媒体通常借助书本、板书、投影仪、录像和计算机等物质手段实现。在信息技术环境下，多媒体对教学至关重要。

教师应根据教学目标和内容，结合媒体选择决策模型、最小代价和媒体选择原理等，选用合适的教学媒体。例如，根据媒体设计选择的最大价值律，选择媒体需遵循低成本、高效能原则。同时，利用 AI 技术可以优化媒体选择过程。AI 能够分析学生的学习行为、成绩数据等，精准识别学生的学习需求和偏好，从而推荐最适合的教学媒体。

（4）学习情境的设计。

学习总是与特定的“情境”紧密相连，学习情境主要是通过想象、手工、口述、图形等手段创设的环境，能够帮助学习者更高效地学习。随着时代的发展，学习情境也在不断创新。在学习情境中，生动、直观的形象能够有效激发学生的联想，唤起学生原有认知结构中的知识、经验和表象，从而促使学生利用已有的知识与经验“同化”或“顺应”新知识。在教学设计与实施过程中，教师应尽可能创设真实、完整的学习情境。

借助AI技术，教师可以更精准地设计个性化学习情境。AI能够根据学生的学习进度和特点，动态调整教学策略，实现个性化教学。例如，AI可以根据学生的学习数据，推荐更贴近学生生活的教学情境。此外，AI还可以通过情境创设、问题链设计等方式，引导学生主动思考，逐步深入理解新知识。这种“情境+问题链”的教学设计方法，不仅科学有效，还能极大地调动学生的学习积极性。

（5）教学过程设计案例。

教学过程的设计是一个综合复杂的过程，通常以教学目标为依据，以教学活动为主线，结合相应的教学策略、教学媒体和学习情境来开展教学活动，从而形成完整、合理的教学过程。例如，在初中八年级科学“简单机械与能量转化”教学设计中，教学过程被设计为五个部分，分别为创设情境、引入课题；实验探究、理解原理；归纳总结、拓展应用，小组汇报、评价反馈，反思学习、巩固提升。整个教学流程及教学活动可以通过流程图呈现，融入所选择的教学媒体、所采用的教学策略和所需创设的学习情境等内容。教学流程可以用Word软件绘制，也可以用Inspiration、Mindmanager等软件工具制作。

借助AI技术，教师可以更精准地设计个性化学习情境，增强学习的沉浸感和互动性。AI能够根据学生的学习行为和知识掌握情况，为每位学生量身定制学习计划，推荐适合的学习资源。同时，AI还可以通过分析学生的学习动态和效果，为教师提供精准反馈，帮助教师优化教学策略。

4. 教学环境与资源设计

环境与资源是教学活动的重要支撑，为学生的学习提供必要的条件。教师需要为学生提供合适的硬件、软件环境以及丰富的学习资源。在教学设计中，合理选择和设计教学资源至关重要，这不仅需要辨别各类资源的特点，还要根据资源对学习效果的作用来选择合适的资源。

在实践中，不存在一种万能的资源形式，各类资源具有不同的教学特性。教学设计者需要明确资源的使用目标，如呈现事实、创设情境、提供示范等；根据教学目标、内容、活动以及学生特征选择恰当的资源或资源组合；依据媒体最优选择的决策模型，结合教学内容类型和学生特征，选择最合适的呈现形式。

选择和设计信息化教学资源时，应优先选择和运用符合要求的现有资源，以节省时间和精力。如果现有资源不完全合适，可以对其进行修改以满足教学需求；如果现有资源无法满足需求，则需要设计和开发新的教学资源。选择和设计教学资源应遵循以下基本原则：内容符合原则、目标控制原则、最小代价原则和对象适应原则。

借助AI技术，教师可以更高效地分析资源的适用性，优化资源选择过程。AI能够通过数据分析，为教师提供精准的资源推荐，帮助教师根据学生的个性化需求选择最合适的教学资源。例如，AI 可以根据学生的学习进度和兴趣，推荐适合的学习材料和活动，从而提高教学效果。此外，AI 还可以通过智能调度和优化管理，确保教育资源的高效利用。

5. 教学评价设计

教学评价是指依据教学目标，运用科学的标准和方法，借助一定的技术与工具，对教学过程及其结果进行测量，并作出价值判断的过程。它包括对学生学业成绩、教师教学质量以及课程等方面的评价。

教学评价对教学具有多方面的重要作用，主要包括以下几点。

导向作用：引导教学活动朝着预定目标发展，确保教学始终沿着正确的方向前进。

激励作用：激发教师和学生的学习积极性，调动他们的内在动力。

诊断作用：如同身体检查，能够发现教学中存在的问题及原因，为改进教学提供依据。

调节作用：根据评价结果，教师和学生可以调整教学和学习行为，以更好地实现教学目标。

鉴定作用：对教学效果、教师教学水平和学生学业成绩等进行认定和判断。

监督作用：对教学过程进行检查和督促，确保教学活动达到预期目标。

按照不同的分类标准，教学评价可以分多种类型，按评价功能分类：诊断性评价、形成性评价、总结性评价；按评价标准分类：相对性评价、绝对性评价、个体内差异评价；按评价主体分类：自我评价、他人评价。

在实际教学工作中，应开展多元化的教学评价，例如，在“教”前进行诊断性评价，在“教”中进行形成性评价，在“教”后进行总结性评价，并且在教学的任一阶段可以根据实际需要开展自我评价与他人评价。利用 AI 技术，可以实现更高效、更精准的评价，提升评价的科学性和个性化。例如，AI 可以通过多模态数据采集，实现对课堂行为数据的智能识别和分析，为教学评价提供更全面、客观的数据支持。教学评价设计流程如图 5-2 所示。

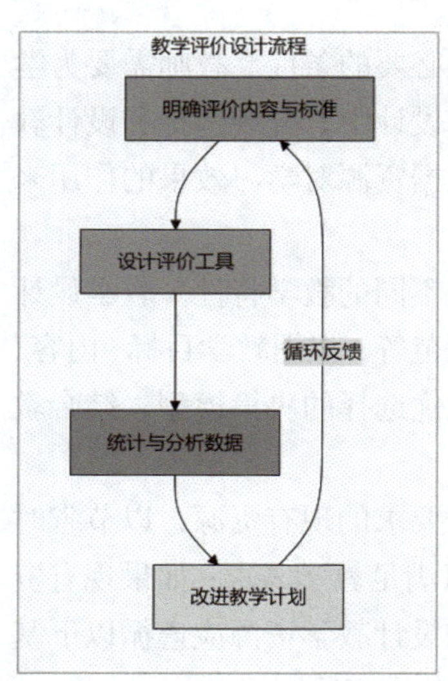

图 5-2 教学评价设计流程图

（1）明确评价内容与标准。

教学评价的内容与标准和教学目标密切相关。进行教学评价设计时，首先需要明确教学目标，并根据教学目标确定学生需要掌握的知识、技能与方法等。评价标准需根据教学目标中的行为动词来确定学生需要掌握知识内容的程度，并通过科学的转换，将这种程度转换成可供测量或衡量的标准，最后将标准融入相应的评价工具中以便进行测量评价。借助 AI 技术，教师可以更精准地分析教学目标与评价标准之间的对应关系，优化评价标准的制定过程。表 5-3 以初中数学“一元一次方程”为例展示了教学目标与评价标准对应关系以及 AI 在教学评价中的优化作用。

表5-3 教学目标与评价标准对应表（以初中数学“一元一次方程”为例）

教学目标（行为动词 + 内容）	评价内容	评价标准（可测量）	评价工具	AI 优化作用
理解一元一次方程的定义与解法	知识掌握（概念识别）	能正确识别一元一次方程（正确率 ≥90%）； 能解释方程解的含义（语言表述完整度 ≥80%）	选择题 + 简答题	NLP 分析学生答题文本，检测关键词缺失或逻辑错误，自动反馈概念薄弱点
应用方程解决实际问题（如购物问题）	技能运用（问题解决）	正确列出方程（步骤分 ≥2/3）； 解出正确答案（结果正确率 100%）	应用题 + 解题过程评分量表	自动识别解题步骤中的遗漏（如未设未知数），推荐类似题型强化练习
分析不同解法的优劣（如移项法 / 图像法）	方法迁移（对比分析）	能对比两种方法的适用场景（分析维度 ≥2 点）； 提出优化建议（合理性评分 ≥3/5）	小组讨论记录 +AI 评分系统	语义分析讨论记录，评估逻辑深度，生成可视化对比报告（如词云图、关联网络图）
设计一道与实际生活相关的一元一次方程	创新能力（题目设计）	题目符合生活情境（真实性评分 ≥4/5）； 方程可解且难度适中（通过率 60%~80%）	学生互评 +AI 难度预测模型	基于历史题库数据训练模型，自动评估新题难度和知识点覆盖度

（2）设计评价工具。

教学评价通常以客观资料为基础，需要设计好各种评价手段，以便收集学生的学习情况。常用的教学评价工具包括结构化观察表格、态度量表（问卷调查）、形成性练习、总结性测验等。

结构化观察表格：通过感觉器官或借助一定仪器，有目的、有计划地对自然条件下出现的现象进行考察的方法，主要用于收集学生的学习行为反应信息。利用 AI 技术，可以对这些评价工具进行智能化升级，例如，通过 AI 分析学生的练习数据和测验结果，提供更精准的反馈和改进建议，具体示例如表 5-4 所示。

表5-4 结构化观察表（以小学科学课“植物生长条件实验”为例）

观察维度	观察指标	记录方式	传统观察工具	AI 升级功能	AI 输出示例
参与度	1. 主动提问次数 2. 实验操作时长	时间采样法（每 5 分钟记录）	纸质观察记录表	语音识别 + 动作捕捉：自动统计提问关键词频率和操作连贯性	“A 生提问 3 次（关键词：阳光、水），操作占比 70%”

续表

观察维度	观察指标	记录方式	传统观察工具	AI 升级功能	AI 输出示例
协作行为	1. 小组分工明确性 2. 意见采纳次数	事件取样法	视频录像 + 人工编码	NLP 分析讨论录音：识别分工指令（如“你来记录”）和反馈语（如“好主意”）频次	“B 组分工明确度 4/5，采纳建议 2 次”
科学方法运用	1. 变量控制准确性 2. 数据记录规范性	行为核查表	实验报告评分	图像识别实验记录单：自动标记缺失变量（如未标注温度）、表格完整性（√/×）	“C 生漏记 1 个变量，数据表完整度 80%”
情绪状态	1. 面部表情积极性 2. 语言挫折感	等级量表（1~5 分）	教师主观评价	情感计算：摄像头捕捉微表情 + 语音情感分析（如“唉”等同于挫折感）	“D 生积极性下降（第 15 分钟得分从 3 降到 2）”

态度量表：是一种针对特定事物设计的问卷，通过被测试者对问卷的选答反应，了解其对某事物的态度倾向。它主要用于收集学生的学习态度反应信息。借助 AI 技术，可以对态度量表进行智能分析，更精准地把握学生的学习态度和情感倾向，从而为教学调整提供依据，具体示例如表 5-5 所示。

表5-5 态度量表设计示例（以“数学学习态度”调查为例）

维度	题项（Likert 5 级量表）	传统分析方式	AI 优化分析	AI 输出示例
学习兴趣	我觉得数学课很有趣	人工统计各选项百分比	NLP 情感分析：检测“有趣”等关键词强度，结合历史数据对比兴趣趋势	“兴趣指数 65%（较上月增加 10%）”
自我效能感	我相信自己能解决难题	计算均值与标准差	机器学习模型：关联答题犹豫时间（如大于 5 秒表示信心不足），识别虚假回答（如全选“非常同意”）	“C 生效能感偏低（答题延迟率 80%）”
教师支持	老师会耐心解答我的问题	文本评论人工归类	主题建模：自动提取开放题评论中的高频主题（如“板书太快”“作业量多”）	“负面评论 TOP3：进度快（42%）、作业难（30%）……”
课堂焦虑	考试时我常因紧张犯错	反向计分后求和	生物信号集成：通过智能手环数据（心率变异性）验证焦虑程度与量表结果的一致性	“焦虑量表分 3.5，但心率数据示警（压力峰值 6 次）”

形成性练习：是根据教学目标编制的一组练习题，以多种形式考核学生对本学习单元的基本概念和要素的掌握程度。在课堂教学过程中，教师常采用这种方法来检测学生对学习内容的掌握情况。利用 AI 技术，可以对学生的练习数据进行实时分析，及时发现学生的学习困难和知识漏洞，为教师提供针对性的教学建议，进一步优化教学过程，具体示例如表 5-6 所示。

表5-6 形成性练习设计示例（以初中物理《浮力》单元为例）

教学目标	练习题类型	传统练习方式	AI 优化功能	AI 输出示例
理解浮力产生原因	选择题："浮力方向是？"	教师批改后统计错误率	实时错误聚类：自动标记高频错误选项（如 30% 选"向下"），推送微课视频"浮力方向辨析"	"概念盲区预警：42% 学生混淆浮力与重力方向"
应用阿基米德原理计算	计算题："求铁块浮力大小"	人工检查公式使用	步骤拆解评分：AI 识别公式代入、单位换算等环节错误，定位薄弱点	"S03 在'密度单位统一'步骤错误率 80%"
分析浮沉条件	拖拽实验："匹配物体与状态"	小组互评	行为轨迹分析：记录操作路径（如反复拖拽木块表示理解不稳定），生成认知冲突报告	"S15 尝试 5 次才匹配正确，建议强化密度对比实验"
解释生活现象	开放题："为什么轮船能漂浮？"	教师逐条评语	NLP 语义分析：提取回答关键词（"排水量""密度"），评估科学表述完整性	"班级 60% 答案缺失'排水量'概念"

总结性测验：主要用于评估学生对学习内容的认知掌握程度，即检验预期教学目标的达成情况，常用于单元考试、期中考试和期末考试等场景。由于各单元的教学重点和目标有所不同，为了确保试题具有代表性且覆盖面广，需要设计测验内容与测验目标的双向细目表。借助 AI 技术，可以对测验内容进行智能分析和优化，确保试题的科学性和有效性，同时通过对学生测验结果的深度分析，为教师提供更精准的教学反馈和改进建议。

（3）统计与分析教学评价数据。

教学评价的数据统计与分析是指借助一定的工具技术（如试卷、问卷、在线评价系统等）获取学生的学习数据，并进行数据的统计和分析（通过人工计算、Excel 统计、SPSS 统计、在线分析工具等）。在此过程中，可以利用 AI 技术对大量数据进行快速处理和深度分析，精准识别学生的学习难点和知识掌握情况，为教学改进提供更科学的依据。

（4）改进教学计划。

根据上一阶段数据统计与分析的结果，明确促进学生发展的改进要点，并结合教学反馈信息，反思教学实施过程。利用 AI 技术对教学过程进行动态监测和分析，为教师提供实时的教学建议，帮助教师对接下来的教学计划进行修改完善，使得教学设计方案更加具有针对性和实操性。

5.2 课堂教学设计与实施

课堂教学是学校教育最重要和最基本的活动形式，是实现学校育人功能的核心环节。目前大部分课堂教学采用班级授课制的教学组织形式，把年龄和知识程度相同或相近的学生编成有固定人数的班级集体，按照各科课程标准规定的目标，组织课程内容和选择适当的教学方法，根据固定的时间表，向全班学生进行集体授课。课堂教学包含教师给学生传授知识和技能的全过程，常见的课堂教学活动有教师讲解、学生问答、操练与练习、教具与技术手段应用等，这些活动可以通过 AI 技术进行优化，以提高教学效率和学生的学习体验。

5.2.1 课堂教学概述

课堂教学是学校教育的核心环节，2019 年中共中央、国务院发布的《关于深化教育教学改革全面提高义务教育质量的意见》中强调要“强化课堂主阵地作用”，并融入 AI 技术以切实提高课堂教学质量，坚持教学相长，注重启发式、互动式、探究式教学。教师课前要指导学生做好预习，课上要讲清重点、难点知识体系，引导学生主动思考、积极提问，自主探究；要综合运用传统与现代技术手段，重视情境教学；要探索基于学科的课程综合化教学，开展研究型、项目化、合作式学习；要精准分析学情，重视差异化教学和个别化指导，实现差异化和个别化指导。

有效的教学设计是保证课堂教学质量的基础。因此，熟悉教学设计的基本原理与方法，按照课堂教学目标要求进行科学的教学设计与资源准备，是每一位教育工作者必须掌握的基本技能。课堂教学设计一般要做到以下几个方面。

（1）教材与学情分析细致、准确，教学目标明确、具体、可操作；体现指向核心素养教学目标的整体设计；重点、难点处理符合学生认知规律。

（2）教学环节结构清晰；课堂容量恰当，时间安排合理。

（3）教学方式多样，教学方法有效，合理引导学生开展“自主、合作、探究”的学习活动。

（4）教学活动设计要面向全体、注重差异，情境与任务设计应指向问题解决，突出学生主体性和教学互动性。

（5）能合理选用信息技术设备，促进学生学习、课堂交流和教学评价活动。

（6）能恰当应用数字资源呈现教学内容，帮助学生理解、掌握和应用知识。

5.2.2 课堂教学的流程设计

1. 编写设计方案

教师在实施课堂教学前的核心任务是进行教学设计与教学资源准备，包括融入 AI 技术的教学设计。教学设计活动的最终结果是编写完整的教学设计方案。编写教学设计方案的过程，就是以教学内容为核心，根据教学目标，合理选择和设计教学策略、教学活动、教学资源与教学评价，并最终通过教学设计方案得以体现。

2. 评价设计方案

教学设计方案的评价可以从融入 AI 技术的教学设计的各要素展开，包括方案的总体结构、教学目标及重难点分析、学习者特征分析、教学活动设计、教学策略选择与设计、教学环境与资源设计、教学评价设计等几个关键方面。通过 AI 技术，可以对这些要素进行更精准的分析和优化，以提升教学方案的有效性和适应性。

5.2.3 课堂教学的实施案例

课堂教学设计方案模板如表 5-7 所示。

表5-7 课堂教学设计方案模板——以“初中数学：一元一次方程的解法”为例

一、教学概述

教学主题：“初中数学：一元一次方程的解法”

教学对象：年级、班级，如“八年级”

教学时长：1 课时（45 分钟）

教学背景：简要介绍本节课在课程体系中的位置、学生此前相关知识基础及学习情况等，例如，“本节课是一元一次方程学习的起始课，学生此前已学习过简单的代数表达式，但对一元一次方程的概念和解法尚未系统掌握”

教学目标及重难点分析

（一）教学目标

目标维度	具体目标描述
知识与技能	学生能够理解一元一次方程的定义，掌握其解法的基本步骤，包括移项、合并同类项、系数化为 1 等，并能准确求解简单的一元一次方程
过程与方法	通过自主探究、小组合作学习等活动，培养学生分析问题、解决问题的能力，以及数学思维的严谨性和逻辑性
情感态度与价值观	激发学生对数学学习的兴趣，增强学生在数学学习中的自信心，培养学生的合作意识和团队精神

（二）教学重难点

内容	描　述
教学重点	一元一次方程的解法步骤，特别是移项时符号的变化规律
教学难点	理解方程变形的原理，例如，等式两边同时加减或乘除同一个数（除 0 以外）后等式仍然成立的依据，以及如何根据实际问题列出一元一次方程

二、学习者特征分析

特征维度	分析内容
年龄特点	八年级学生年龄一般在 13~14 岁，思维活跃，好奇心强，但注意力容易分散，需要通过多样化的教学活动吸引其注意力
知识基础	学生已具备一定的代数知识基础，如简单的代数运算，但对一元一次方程的系统知识尚未掌握
学习能力	班级学生学习能力存在差异，部分学生能够较快理解新知识并进行应用，部分学生需要更多时间巩固和练习
学习风格	有的学生喜欢独立思考，有的学生更倾向于小组合作学习，教学中需要兼顾不同学习风格

续表

三、教学活动设计

（一）导入活动（5 分钟）

时间	活 动 内 容	活动形式	活动目标
第0~2分钟	展示生活中的实际问题情境：小明买书，每本书10元，他买了 x 本书，共花了50元，问小明买了几本书？利用AI工具生成生动形象的动画或图片，将小明买书的情境更加直观地呈现出来，同时，AI助手可以提出一些引导性问题，如“你能用一个等式来表示小明买书的花费情况吗？”激发学生的思考	多媒体展示、教师讲解	激发学生兴趣，引出一元一次方程的概念
第2~5分钟	引导学生思考如何用数学表达式表示这个问题，引出方程的概念	提问、讨论	让学生初步感受方程与实际问题的联系

（二）新知识讲授与探究活动（15 分钟）

时间	活 动 内 容	活动形式	活动目标
第 5~10分钟	教师讲解一元一次方程的定义，通过多个例子说明其特征，如“$2x + 3 = 7$”“$5x - 4 = 16$”等。借助AI工具生成详细的思维导图，将定义的关键要素（例如只含有一个未知数、未知数的次数是1、等式等）清晰地展示出来，并通过动画效果逐步展开，帮助学生更好地理解和记忆	板书、多媒体展示、教师讲解	让学生明确一元一次方程的定义和基本形式
第10~15分钟	组织学生分组探究一元一次方程的解法，教师提供简单的方程，如“$x + 2 = 5$”，让学生尝试用不同的方法求解，并在小组内交流讨论。在学生分组探究解法时，AI助手可以为每个小组提供个性化的提示和引导，例如，当小组在解“$x + 2 = 5$”时遇到困难，AI助手可以提示“你可以先观察方程两边的特点，尝试将未知数单独放在一边”，引导学生逐步找到解题思路	小组合作探究、教师巡视指导	培养学生自主探究能力和合作学习能力，初步掌握解法

（三）巩固练习活动（15 分钟）

时间	活 动 内 容	活动形式	活动目标
第15~25分钟	教师展示不同类型的练习题，如移项后求解的方程、合并同类项后求解的方程等，让学生独立完成。在学生独立练习时，AI工具可以实时监测学生的解题进度和正确率。对于解题速度较慢或错误较多的学生，AI助手可以提供针对性的辅导，如通过语音提示“你移项时忘记变号了，注意检查一下哦”，帮助学生及时发现问题并纠正	独立练习、教师个别辅导	巩固学生对一元一次方程解法的掌握，提高解题能力
第25~30分钟	选取部分学生的解题过程进行展示和讲解，教师点评，指出易错点和注意事项。在展示学生解题过程时，AI工具可以将学生的解题步骤以清晰的流程图形式呈现出来，方便教师和学生进行点评和分析，同时AI助手可以补充一些常见的解题技巧和注意事项，拓展学生的知识面	学生展示、教师讲解	让学生互相学习，纠正错误，加深对解题步骤的理解

续表

（四）拓展应用活动（5分钟）

时间	活动内容	活动形式	活动目标
第30~35分钟	提出一个稍复杂的生活实际问题，如“某商场搞促销活动，满100减20，小华在该商场购物共花了x元，实际付款80元，问小华购物金额是多少？”让学生尝试列出方程并求解。在提出拓展应用问题后，AI工具可以为学生提供类似问题的解题思路和示例，帮助学生打开思路。例如，AI助手可以展示一个类似的促销问题的解题过程，引导学生分析问题中的数量关系，找到等量关系，列出方程并求解。同时，AI工具可以收集学生在讨论过程中的想法和疑问，并及时反馈给教师，以便教师更好地引导学生进行思考和解答	小组讨论、教师引导	拓展学生思维，提高学生运用方程解决实际问题的能力

（五）课堂小结与作业布置（5分钟）

时间	活动内容	活动形式	活动目标
第35~40分钟	引导学生回顾本节课所学内容，包括一元一次方程的定义、解法步骤等，教师总结重点和难点。利用AI工具生成本节课的知识点总结表格，包括定义、解法步骤、易错点等，方便学生快速回顾和记忆	学生总结、教师补充	帮助学生梳理知识，巩固记忆
第40~45分钟	布置课后作业，包括基础练习题和拓展应用题，要求学生独立完成。为学生提供在线作业平台，学生可以在平台上完成作业，AI工具可以实时批改并给出详细的反馈和评分，同时根据学生的作业完成情况为学生推荐个性化的拓展学习资源，如相关的数学文章、视频讲解等，帮助学生进一步巩固和拓展所学知识	教师布置、学生记录	巩固课堂所学，培养学生自主学习能力

四、教学策略选择与设计

启发式教学策略：在导入环节通过生活情境问题启发学生思考，引导学生自主发现问题与方程的联系；在新知识讲授环节通过提问、引导学生思考的方式帮助学生理解一元一次方程的定义和解法原理。同时，借助AI工具提供多样化的启发方式，如动画演示、思维导图等，激发学生的思维活力。

合作学习策略：在新知识探究活动中组织学生分组合作，充分发挥小组成员之间的优势互补，培养学生的合作意识和团队协作能力。AI工具可以为小组合作提供技术支持，如在线协作平台、实时交流工具等，方便学生在小组内进行有效的沟通和交流。

讲授与练习相结合策略：在新知识讲授后及时安排巩固练习活动，通过讲练结合的方式帮助学生更好地理解和掌握一元一次方程的解法，同时教师在练习过程中及时反馈和纠正学生的错误。AI工具可以实时监测学生的练习情况，为教师提供反馈信息，帮助教师更好地进行教学调整。

情境教学策略：在导入和拓展应用环节创设生活实际问题情境，让学生在具体情境中学习和应用一元一次方程，增强学生对数学知识的感性认识和应用意识。AI工具可以生成更加生动形象的情境展示，提升教学效果。

五、教学环境与资源设计

教室布局：教室座位按照小组合作学习模式进行排列，方便学生小组讨论和交流。

多媒体设备：配备多媒体投影仪、电脑等设备，用于展示生活情境问题、方程例子、练习题等教学内容，增强教学的直观性和吸引力。

黑板：用于教师板书一元一次方程的定义、解法步骤等重要内容，便于学生记录和回顾。

教材与教辅资料：依据教材内容进行教学设计，同时结合教辅资料选取合适的练习题和拓展应用题，丰富教学内容。

续表

多媒体课件：制作包含生活情境图片、方程动画演示、练习题展示等内容的多媒体课件，辅助教学活动的开展。 实物教具：准备一些简单的实物教具，如小黑板、粉笔等，用于学生展示解题过程和教师板书讲解。 AI 工具：选择适合教学的 AI 工具，如智能教育软件中的 AI 助手、在线学习平台等，确保工具具备动画生成、思维导图展示、实时监测与反馈、个性化辅导等功能，以满足教学过程中的各种需求。 六、教学评价设计 评价方式包括以下两方面。 形成性评价：在课堂教学过程中，通过观察学生在导入环节的参与度、新知识探究活动中的表现、巩固练习活动中的解题情况等，及时给予学生口头评价和反馈，如“你思考问题很积极，这个想法不错！”“这个小组合作得很默契，解题思路很清晰！”等，激励学生积极参与学习活动；同时，教师在巡视过程中记录学生在小组讨论、练习过程中出现的问题和困难，以便在后续教学中进行针对性的辅导和调整。 总结性评价：通过课后作业对学生本节课的学习情况进行全面评价，作业内容包括基础练习题和拓展应用题，教师在批改作业时重点关注学生对一元一次方程定义的理解、解法步骤的掌握以及运用方程解决实际问题的能力，根据学生的作业完成情况给出书面评价和成绩，如“优秀：解题步骤清晰，正确率高，能熟练运用方程解决实际问题”“良好：解题步骤基本正确，但存在个别小错误，需要进一步巩固”“合格：基本掌握了方程的解法，但解题不够熟练，需要加强练习”等，同时在作业批改后及时将评价结果反馈给学生，帮助学生了解自己的学习情况和存在的问题，以便学生在后续学习中进行改进和提高。 评价指标分为以下三方面。 知识与技能方面：学生对一元一次方程定义的理解程度（如能否准确说出一元一次方程的特征）、解法步骤的掌握情况（如能否正确进行移项、合并同类项、系数化为 1 等操作）、解题的正确率和熟练程度（如在规定时间内完成一定数量的练习题且正确率较高）。 过程与方法方面：学生在小组合作探究活动中的参与度和合作能力（如是否积极参与小组讨论、能否与小组成员有效沟通交流、是否能提出自己的见解和建议）、自主探究能力（如在探究一元一次方程解法时能否独立思考并尝试用不同方法求解）、数学思维的严谨性和逻辑性（如解题过程中步骤是否清晰、推理是否合理）。 情感态度与价值观方面：学生对数学学习的兴趣和积极性（如在课堂上是否主动参与学习活动、是否对数学问题表现出浓厚的兴趣）、自信心（如在回答问题、展示解题过程时是否自信大方）、合作意识和团队精神（如在小组活动中是否尊重他人意见、是否愿意帮助小组成员）

5.3 在线教学设计与实施

在线教学作为远程教育的一种形式，是师生在时空上分离，基于网络媒介开展的教育教学实践活动。在线教学形式多样，涵盖师生利用直播类教学工具进行的在线同步直播教学、利用国家中小学智慧教育平台开展的在线课程异步教学、利用网络学习空间进行的教学资源分享与交流讨论，以及利用智能终端和网络测试系统进行的学情数据收集与分析等。本节主要介绍在中小学师生无法进行面对面教学时，如何利用互联网和 AI 技术开展班级式课堂教学。

5.3.1 在线教学概述

互联网的连通性和即时性优势显著，基于网络的在线教学扩展了教学的界限。与常规课堂教学相比，在线教学打破了时间和空间的限制，促进了优质教育资源的高效共享，拓宽了师生互动渠道，为师生提供了全新的教学和学习体验，推动了教育教学方式的创新。在特殊时期，通过各级各类在线课程平台开展在线教学，确保了教学进度和质量。以疫情期间的在线教学实践为契机，进一步巩固和拓展在线教学成果，推动人工智能、5G 等现代信息技术在在线教学全过程的应用，这将是未来学校教学发展的重要趋势。

在线教学采用了更灵活的教学组织方式，使得师生互动、教学评价、课堂组织管理等呈现出新的特征。在线教学设计应充分考虑教学与学习的各个要素，遵循“以学习者为中心”的原则以及直观性、协同性等在线教学原则，选择合适的在线授课工具，提供丰富的教学资源，设计有效的教学活动，提供灵活的在线学习支持服务，以激发学生的学习兴趣，保障学习效果。在线教学设计需考虑以下五方面。

（1）选择适合的在线授课工具。

教师应考虑学生的年龄和学科特点，选择有效的授课工具和互动平台，对于低年级学生，应尽量采用在线同步直播教学进行实时互动；对于高年级学生，可以采用微视频自学和在线辅导相结合的异步教学方式，避免在一节课中频繁切换不同的教学工具和平台。

（2）提供丰富的教学资源。

除了网络教学视频等资源外，教师还应考虑为学生提供其他类型的教学资源，以满足学生在线自主学习、任务驱动式学习与个性化学习的需求，培养学生的自主学习能力。

（3）设计有效的在线教学活动。

在线教学不是传统课堂教学的简单转移，也不是自由发挥或操作表演。在线教学活动设计强调线上参与、交互和协同，需要根据教学目标，有效组织多种课堂活动，引导学生深度学习，提升学习体验。

（4）设计基于数据分析的教学评价。

在线教学评价应充分发挥智能学习终端的优势，面向学生设计有效的教学评价方式，通过智能终端记录和收集学生学习过程数据和测评数据，实现精准化教学分析与决策，为学生提供即时反馈和针对性指导。

（5）设计家校互动的教学管理策略。

充分利用各种社交网络工具，引导家长参与班级教学管理，按课表时间提醒学生进行线上学习，配合学校与教师的教学要求按时完成作业等，实现校内校外、课内课外教学的无缝衔接。

5.3.2　在线教学的流程设计

1. 编写设计方案

在线教学是在师生时空分离的基础上，利用互联网技术开展的多样化教学活动。在线教学需要根据教学目标，对教学内容、教学结构、教学流程和教学活动进行重构与创新，并提供有效的在线学习支持服务。在线教学设计应包括教学内容分析、教学目标及重难点分析、学习者特征分析、网络授课策略与工具选择、教学活动设计、教学评价设计与在线学习支持服务设计等内容，同时融入 AI 技术以优化教学设计过程，提高教学互动性和学习效果。

2. 评价设计方案

在线教学方案的评价可以从方案的总体结构、教学目标及重难点分析、学习者特征分析、网络授课策略与工具选择、教学活动设计、教学评价设计、在线学习支持服务设计等维度出发，同时融入 AI 技术的应用效果分析。评价过程应采取教师互评与自评相结合的方式，从不同角度进行全面、客观的评价。

5.3.3　在线教学的实施案例

在线教学的实施案例如表 5-8 所示。

表5-8　基于学习通平台的在线课堂教学设计方案——以“高中英语写作技巧提升”为例

一、教学概述

教学主题：高中英语写作技巧提升

教学对象：高二年级学生

教学时长：1 课时（45 分钟）

教学背景：在高中英语学习中，写作是学生普遍感到困难的部分。学生在词汇运用、语法结构、文章逻辑和写作技巧等方面存在不足。通过学习通平台开展在线教学，打破时间和空间限制，利用其丰富的教学功能和互动工具，帮助学生提升英语写作能力。

二、教学目标及重难点分析

（一）教学目标

目标维度	具体目标描述
知识与技能	学生能够掌握常见的英语写作技巧，如段落结构、过渡词使用、时态一致等，并能够运用这些技巧进行简单的英语写作
过程与方法	通过学习通平台的互动讨论、写作练习和同伴互评等活动，培养学生的自主学习能力和批判性思维能力
情感态度与价值观	提高学生对英语写作的兴趣和自信心，培养学生的合作精神和学习责任感

续表

（二）教学重难点

内　容	描　　述
教学重点	英语写作的基本技巧，如段落结构（主题句、支撑句、总结句）和过渡词的使用
教学难点	如何将写作技巧灵活运用到实际写作中，特别是在语法和词汇的准确性上

三、学习者特征分析

特征维度	分 析 内 容
年龄特点	高二学生年龄一般在17~18岁，思想较为成熟，但注意力容易分散，需要通过多样化的教学活动保持其学习兴趣
知识基础	学生已具备一定的英语基础，但写作能力参差不齐，部分学生在词汇和语法使用上存在困难
学习能力	学习能力差异较大，部分学生能够快速掌握新技巧并进行应用，部分学生需要更多练习和指导
学习风格	多数学生喜欢通过互动和讨论学习，部分学生更倾向于独立学习

四、网络授课策略与工具

内　容	描　　述
授课工具	使用学习通平台的直播功能进行实时互动教学，确保师生即时交流。在直播过程中，展示AI工具的使用方法和功能，帮助学生更好地理解和应用
互动平台	利用学习通的班级群组、讨论区、作业提交等功能，发布学习资料、布置作业、组织讨论和反馈评价。学生可以在讨论区中分享使用AI工具的经验和心得，教师可以及时给予指导和反馈
资源平台	在学习通课程资源模块中上传英语写作技巧视频、优秀范文、常用词汇和短语列表等，供学生自主学习和参考。同时，提供AI工具的使用教程和案例分析，帮助学生更好地掌握AI工具在写作中的应用
AI工具	引入AI工具作为辅助写作工具，学生可以在写作过程中使用AI工具进行语法检查、词汇推荐、句子润色等操作，提高写作质量和效率。教师可以在课堂上展示AI工具的实际应用，并鼓励学生在课后练习中使用该工具

五、课前学习设计

（一）课前学习内容

时间	活动内容	活动形式	活动目标
课前1天	观看教学视频：英语写作技巧概述，包括常见写作问题分析及解决方法。同时，观看AI工具的简介视频，了解其在写作中的基本功能，如语法检查、词汇推荐等	在线视频学习（学习通平台发布视频链接）	让学生对英语写作技巧有初步了解，明确自身写作存在的问题，为后续学习做好铺垫
课前1天	阅读学习材料：英语写作基础知识点，如段落结构、过渡词、时态一致等的详细讲解及例句。在阅读过程中，使用AI工具检查段落结构是否清晰，获取推荐的过渡词	在线阅读（学习通平台发布电子教材或文档）	让学生自主学习写作基础知识点，初步理解其在写作中的应用
课前1天	完成在线自测题：包括选择题、填空题等，考查对课前学习内容的掌握情况，如判断句子是否符合段落结构要求、选择合适的过渡词等。在自测题中加入AI工具辅助选项，学生可以单击使用AI工具检查答案的语法和逻辑，AI工具给出初步的反馈和建议	在线练习（学习通平台发布自测题）	检查学生对课前学习内容的掌握程度，帮助教师了解学生的学习情况，以便在课堂教学中进行针对性指导

续表

（二）课前学习支持

支持内容	描　述
学习资源	在学习通课程资源模块中上传教学视频、电子教材、自测题等，方便学生自主学习和复习。同时，提供 AI 工具的使用教程和案例分析，帮助学生更好地掌握 AI 工具在写作中的应用
在线答疑	教师通过学习通平台的“答疑”功能，为学生提供在线答疑服务，及时解答学生在课前学习中遇到的问题，确保学生能够顺利掌握课前学习内容

六、教学活动设计

（一）导入活动（5 分钟）

时间	活 动 内 容	活动形式	活动目标
第 0~2 分钟	在学习通直播界面展示一篇优秀英语作文，让学生快速浏览并讨论其优点。使用 AI 工具对优秀作文进行分析，展示其结构、词汇丰富度等优点，让学生直观感受	直播展示、教师讲解	激发学生对英语写作的兴趣，引出写作技巧主题
第 2~5 分钟	通过学习通的弹幕功能，提问学生在写作中遇到的困难，教师总结并引入本节课的学习目标。教师展示 AI 工具如何帮助解决学生提到的写作问题，如语法错误检查、词汇替换等	弹幕提问、讨论	明确学习目标，让学生带着问题学习

（二）新知识讲授与探究活动（15 分钟）

时间	活 动 内 容	活动形式	活动目标
第 5~10 分钟	教师通过学习通直播讲解英语写作的基本技巧，如段落结构、过渡词使用等，结合实例进行说明。在 PPT 中嵌入 AI 工具的使用示例，如“AI 工具如何优化段落结构”“AI 工具推荐的过渡词”等	直播讲解、PPT 展示	让学生了解写作技巧的基本内容
第 10~15 分钟	利用学习通的分组讨论功能，组织学生分组讨论如何运用这些技巧改进一篇给定的作文，教师提供一篇有明显问题的作文样本。每组学生使用 AI 工具对作文样本进行分析，如检查语法错误、提出改进建议等，并将 AI 工具的反馈纳入讨论内容	分组讨论、教师巡视指导	培养学生自主探究能力和合作学习能力

（三）巩固练习活动（15 分钟）

时间	活 动 内 容	活动形式	活动目标
第 15~25 分钟	学生独立完成一篇写作练习，要求运用所学技巧，通过学习通的作业提交功能提交作文。学生在写作过程中使用 AI 工具进行实时辅助，如语法检查、词汇推荐、句子润色等，AI 工具提供即时反馈和建议	独立练习、在线提交	巩固学生对写作技巧的掌握
第 25~30 分钟	选取部分学生的作文进行在线展示和点评，教师通过学习通的直播功能进行讲解，指出优点和不足。教师使用 AI 工具对展示的作文进行深度分析，如评估写作的逻辑性、创新性等，结合 AI 工具的反馈进行点评	学生展示、教师讲解	让学生互相学习，纠正错误，加深对写作技巧的理解

续表

（四）拓展应用活动（5 分钟）

时间	活 动 内 容	活动形式	活动目标
第 30~35 分钟	在学习通平台上发布一篇更具挑战性的写作任务，要求学生课后完成并提交。提供AI工具的高级功能使用指南，如生成创意写作思路、模拟不同写作风格等，鼓励学生在课后写作中尝试使用	布置作业、学生记录	拓展学生思维，提高学生综合运用写作技巧的能力

（五）课堂小结与作业布置（5 分钟）

时间	活 动 内 容	活动形式	活动目标
第 35~40 分钟	引导学生回顾本节课所学的写作技巧，教师通过学习通直播总结重点和难点。教师展示 AI 工具如何帮助学生复习和巩固写作技巧，如通过 AI 工具生成的写作练习题、复习要点等	学生总结、教师补充	帮助学生梳理知识，巩固记忆
第 40~45 分钟	布置课后写作任务，要求学生运用所学技巧完成一篇作文，并在学习通平台上提交。提醒学生在课后写作中使用 AI 工具进行辅助，如检查语法、润色语言等，确保作文质量	教师布置、学生记录	巩固课堂所学，培养学生自主学习能力

七、教学评价设计

（一）评价方式

形成性评价：在课堂活动中，通过学习通平台的弹幕、讨论区等功能，观察学生在讨论、练习中的表现，及时给予口头反馈和指导。例如，“你的作文结构很清晰，但过渡词可以再丰富一些”。同时，教师可以利用 AI 工具对学生的写作过程进行分析，如检查写作思路的连贯性、语言的多样性等，为学生提供更全面的反馈。

总结性评价：通过学习通平台的作业批改功能，对学生提交的课后写作任务进行全面评价。教师根据学生作文的结构、语法、词汇运用和内容逻辑等方面进行评分，并给出书面评价和改进建议。同时，借助 AI 工具对学生作文进行深度分析，如评估写作的创新性、文化内涵等，为教师的评价提供参考。

（二）评价指标

知识与技能方面：学生对写作技巧的掌握程度（如是否能正确运用段落结构和过渡词）、写作的准确性和流畅性（如语法错误是否较少、表达是否清晰）。

过程与方法方面：学生在小组讨论中的参与度和合作能力（如是否积极参与讨论、是否能提出有效建议）、自主学习能力（如是否能独立完成写作练习）。

情感态度与价值观方面：学生对英语写作的兴趣和自信心（如是否愿意主动参与写作练习）、学习责任感（如是否按时完成作业）。

八、在线学习支持服务设计

（一）学习资源支持

在学习通课程资源模块中上传丰富的英语写作资源，如写作技巧视频、优秀范文库、常用词汇和短语列表等，供学生自主学习和参考。同时，提供 AI 工具的使用教程和案例分析，帮助学生更好地掌握 AI 工具在写作中的应用。利用学习通的“资料”功能，设置写作技巧学习模块，学生可以随时查阅和学习。

（二）学习过程支持

在线答疑：教师在固定时间段内通过学习通平台的“答疑”功能为学生答疑解惑。同时，学生可以使用 AI 工具进行自主答疑，如查询写作问题的答案、获取写作建议等。

续表

同伴互评：利用学习通的"作业互评"功能，组织学生对彼此的作文进行互评，提供互评标准和反馈模板，帮助学生从同伴那里获得不同视角的建议。同时，教师可以引导学生使用AI工具对互评结果进行分析和总结，提高互评的质量和效果。 （三）学习反馈支持 利用学习通平台的数据分析功能，记录学生的学习过程数据，如作业提交时间、作业完成情况等，及时发现学生的学习问题。同时，结合AI工具对学生的学习行为进行深度分析，如分析学生的学习习惯、写作偏好等，为教师提供更全面的学生学习画像。教师定期通过学习通发布学习报告，总结学生的学习情况，表扬优秀学生，鼓励进步学生，帮助后进学生改进学习方法。在学习报告中，可以引用AI工具的分析结果，为学生提供更具针对性的学习建议

5.4 混合式教学设计与实施

【学习目标】

通过本节学习，了解结合AI的混合式教学设计的概念，熟悉其基本流程，观摩翻转课堂教学设计案例，尝试设计并实施一堂翻转课堂。

混合式教学是指将面对面（Face to Face）教学和在线（Online）学习两种学习模式有机地整合，利用AI技术优化教学过程，以达到降低成本、提高效益的一种教学方式。混合式教学可以优化教学时间分配，拓宽教学空间，丰富教学手段，同时也有利于培养学生的信息素养与数字化学习能力。混合式教学可以应用于一堂课的教学，也可以应用于一门课程的教学，近年来中小学广泛开展的翻转课堂就是混合式教学的一个典型应用。

5.4.1 混合式教学的流程设计

1. 编写设计方案

混合式教学融合了课堂教学与在线教学的特点，因此其教学设计需要考虑的因素更多，复杂度更高。混合式教学设计除了要遵循课堂教学设计和在线教学设计的基本原则外，还应综合考虑如何结合两者的特点设计"混合式教学策略"，充分发挥不同形式教学的优势，实现线上线下教学内容、教学方式与教学评价等多种要素结合的最优化，并融入AI技术以提升教学设计的质量。

2. 评价设计方案

翻转课堂混合式教学设计方案的评价围绕方案总体结构、教学目标及重难点分析、学习者特征分析、课前学习设计、课堂教学活动设计、教学策略的选择与设计、教学环境与资源设计、教学评价设计等几个方面开展，同时考虑AI在教学设计中的应用效果。

在实践过程中，教师可采用教师自评与互评相结合的方式开展教学设计方案的评价，并根据评价结果修改完善设计方案，以确保设计方案能够充分利用AI技术的优势，提高教学效果。

5.4.2 混合式教学设计案例

混合式教学设计案例如表5-9所示。

表5-9 混合式翻转课堂教学设计方案模板——以“初中语文《桃花源记》”为例

一、教学概述

教学主题：初中语文《桃花源记》

教学对象：八年级学生

教学时长：2课时（1课时课前在线学习，1课时课堂教学）

教学背景：《桃花源记》是初中语文的经典篇目，学生需要理解文言文的字词句含义，把握文章的主旨和情感，同时感受陶渊明笔下的理想世界。通过混合式翻转课堂教学模式，学生可以在课前通过在线学习自主掌握文言文基础知识，课堂上则通过互动探究和实践操作深化理解，提升语文素养。

二、教学目标及重难点分析

（一）教学目标

目标维度	具体目标描述
知识与技能	学生能够掌握《桃花源记》中的重点文言字词、句式，理解文章内容，背诵全文
过程与方法	通过课前自主学习与课堂互动探究，培养学生自主学习能力和文言文阅读能力
情感态度与价值观	感受陶渊明笔下的理想世界，理解作者对理想社会的向往，激发学生对古代文化的兴趣

（二）教学重难点

内　容	描　述
教学重点	《桃花源记》中的重点文言字词、句式，文章的结构和内容
教学难点	理解陶渊明笔下的理想世界及其思想内涵，体会作者的情感

三、学习者特征分析

特征维度	分析内容
年龄特点	八年级学生年龄一般在13~14岁，思维活跃，对新鲜事物充满好奇心，但注意力容易分散，需要通过多样化的教学活动吸引其注意力
知识基础	学生已具备一定的文言文学习基础，但对《桃花源记》的系统知识尚未掌握
学习能力	学习能力存在差异，部分学生能够较快理解新知识并进行应用，部分学生需要更多时间巩固和练习
学习风格	多数学生喜欢通过互动和讨论学习，部分学生更倾向于独立学习

续表

四、课前学习设计

（一）课前学习内容

时间	活动内容	活动形式	活动目标
课前1天	教师发布通过AI工具搜索整理的详细资料制作成的《桃花源记》作者陶渊明生平背景及文章创作背景视频，供学生观看	在线视频学习（希沃白板5发布视频链接）	让学生了解陶渊明的生平及创作背景，为理解文章奠定基础
课前1天	教师发布利用AI工具对原文进行逐字逐句详细解读，生成重点字词的解释文档，供学生阅读	在线阅读（希沃白板5发布电子教材或文档）	让学生自主学习文言文的字词句含义，初步理解文章内容
课前1天	教师发布借助AI工具生成的针对《桃花源记》重点字词解释和重点句子翻译的自测题，并让学生完成	在线练习（希沃白板5发布自测题）	检查学生对课前学习内容的掌握情况，为课堂教学提供参考

（二）课前学习支持

支持内容	描述
学习资源	在希沃白板5的课程资源模块中上传教学视频、电子教材、自测题等。利用AI工具生成的丰富学习资源，为学生提供全面的学习支持
在线答疑	教师通过希沃白板5的“答疑”功能，为学生提供在线答疑服务，解答学生在课前学习中遇到的问题。同时，学生也可以利用AI工具自行查询相关问题的答案，作为参考

五、课堂教学活动设计

（一）导入活动（5分钟）

时间	活动内容	活动形式	活动目标
第0~2分钟	教师利用AI工具搜索整理的陶渊明相关诗句，通过希沃白板5展示陶渊明的画像及相关诗句，引导学生回顾陶渊明的生平	多媒体展示、教师讲解	激发学生兴趣，引出《桃花源记》的学习
第2~5分钟	提问学生课前学习内容，复习《桃花源记》的创作背景和重点字词。教师根据AI工具生成的复习资料，有针对性地提问学生，引导学生讨论	提问、讨论	检查课前学习效果，为课堂教学做好铺垫

（二）新知识探究活动（15分钟）

时间	活动内容	活动形式	活动目标
第5~10分钟	利用希沃白板5的批注功能，教师逐段讲解《桃花源记》的内容，引导学生理解文章结构和主旨。教师参考AI工具对《桃花源记》各段落的详细分析和解读，利用希沃白板5的批注功能进行讲解	逐段讲解、批注	让学生深入理解文章内容和结构
第10~15分钟	组织学生分组讨论：桃花源是一个怎样的世界？作者为什么向往这样的世界？并利用希沃白板5的互动功能（如投票、抢答）进行小组汇报。在学生分组讨论前，教师可以借助AI工具提供一些关于桃花源特点及作者向往原因的参考观点	小组讨论、互动汇报	培养学生自主探究能力和合作学习能力

续表

（三）巩固练习活动（15 分钟）

时间	活 动 内 容	活动形式	活动目标
第15~25分钟	在希沃白板5上展示不同类型的练习题，如文言字词解释、句子翻译、内容理解等，让学生进行小组竞赛。利用AI工具生成多种类型的练习题，展示在希沃白板5上供学生进行小组竞赛	小组竞赛、教师点评	巩固学生对文言字词和文章内容的掌握，提高学习积极性
第25~30分钟	选取部分学生的答案进行展示和讲解，教师通过希沃白板5的批注功能进行点评，指出易错点和注意事项。教师参考AI工具对学生的答案进行分析和点评	学生展示、教师讲解	让学生互相学习，纠正错误，加深对知识的理解

（四）拓展应用活动（5 分钟）

时间	活 动 内 容	活动形式	活动目标
第30~35分钟	提出一个拓展问题，如“如果你有机会进入桃花源，你会选择留下还是离开？为什么？”让学生进行小组讨论并分享观点。在学生小组讨论前，教师可以借助AI工具提供一些关于类似主题的观点和思考角度，供学生参考，拓展学生思维，引导学生深入思考文章内涵	小组讨论、教师引导	拓展学生思维，引导学生深入思考文章内涵

（五）课堂小结与作业布置（5 分钟）

时间	活 动 内 容	活动形式	活动目标
第35~40分钟	引导学生回顾本节课所学内容，包括重点字词、文章结构和主旨，教师通过希沃白板5的思维导图功能进行总结。教师参考AI工具生成的知识点总结框架	学生总结、教师补充	帮助学生梳理知识，巩固记忆
第40~45分钟	布置课后作业，包括背诵全文、完成一篇关于桃花源的短文写作，要求学生在希沃白板5的作业模块中提交。教师可以利用AI工具提供一些关于桃花源短文写作的参考思路和示例	教师布置、学生记录	巩固课堂所学，培养学生自主学习能力

六、教学策略选择与设计

混合式教学策略：结合课前在线学习和课堂教学，充分发挥两者的优势。课前通过在线视频和自测题帮助学生自主学习基础知识，课堂上通过互动探究、小组讨论和实践操作深化理解。AI工具为课前学习提供丰富的学习资源和自测题，为课堂教学提供详细的讲解和分析资料。

启发式教学策略：在导入环节通过陶渊明的生平和诗句启发学生思考，引导学生自主发现问题与文章的联系；在新知识探究环节通过提问、引导学生思考的方式帮助学生理解文章的结构和主旨。AI工具提供一些启发性的问题和思考角度，帮助教师引导学生思考。

合作学习策略：在新知识探究和巩固练习活动中组织学生分组合作学习，充分发挥小组成员之间的优势互补，培养学生的合作意识和团队协作能力。AI工具提供一些合作学习的参考方法和技巧，帮助学生更好地进行小组合作。

信息技术支持策略：利用希沃白板5的多媒体展示、动态演示、互动功能等，增强教学的直观性和趣味性，提高教学效率。AI工具为希沃白板5提供丰富的教学内容和互动素材，进一步增强教学效果。

七、教学环境与资源设计

（一）教学环境

教室布局：教室座位按照小组合作学习模式进行排列，方便学生小组讨论和交流。

多媒体设备：配备希沃白板5、电脑、投影仪等设备，用于展示教学内容和互动操作。

续表

（二）教学资源

课前学习资源：教学视频、电子教材、自测题等，通过希沃白板 5 发布给学生。AI 工具为课前学习资源的生成和整理提供支持。

课堂教学资源：希沃白板 5 的批注工具、互动功能（如投票、抢答、批注）、思维导图模板等，用于课堂教学活动的开展。AI 工具为课堂教学资源的生成和优化提供支持。

课后学习资源：提供《桃花源记》的拓展阅读材料和在线练习题链接，供学生自主学习和巩固。AI 工具为课后学习资源的生成和推荐提供支持。

八、教学评价设计

（一）评价方式

形成性评价：在课堂教学过程中，通过观察学生在导入环节的参与度、新知识探究活动中的表现、巩固练习活动中的解题情况等，及时给予学生口头评价和反馈；同时，教师在巡视过程中记录学生在小组讨论、练习过程中出现的问题和困难，以便在后续教学中进行针对性的辅导和调整。AI 工具为形成性评价提供一些参考指标和评价方法，帮助教师更全面地了解学生的学习情况。

总结性评价：通过课后作业对学生本节课的学习情况进行全面评价。教师在希沃白板 5 的作业模块中批改作业，根据学生的作业完成情况给出书面评价和成绩。AI 工具为总结性评价提供一些参考标准和评价维度，帮助教师更准确地评价学生的学习成果。

（二）评价指标

知识与技能方面：学生对《桃花源记》重点文言字词、句式的掌握程度（如能否准确解释字词、翻译句子），对文章内容的理解程度（如能否准确概括文章结构和主旨），背诵的熟练程度（如能否流利背诵全文）。AI 工具为知识与技能方面的评价提供一些具体的测试题目和评价标准。

过程与方法方面：学生在小组合作探究活动中的参与度和合作能力（如是否积极参与小组讨论、能否与小组成员有效沟通交流、是否能提出自己的见解和建议）、自主学习能力（如课前是否认真完成在线学习任务、课堂上是否能独立思考并尝试解决问题）、语文思维的严谨性和逻辑性（如写作过程中思路是否清晰、表达是否准确）。AI 工具为过程与方法方面的评价提供一些参考指标和评价方法。

情感态度与价值观方面：学生对语文学习的兴趣和积极性（如在课堂上是否主动参与学习活动、是否对文言文学习表现出浓厚的兴趣）、自信心（如在回答问题、展示学习成果时是否自信大方）、合作意识和团队精神（如在小组活动中是否尊重他人意见、是否愿意帮助小组成员）。AI 工具为情感态度与价值观方面的评价提供一些参考指标和评价方法

5.5 课后习题

一、单选题

1. 关于教学设计的特点，以下说法错误的是（　　）。

   A. 教学设计具有系统性与协同性，强调各要素之间的有机联系

   B. 教学设计的目的是发现未知的教学规律

   C. 教学设计具有动态性与开放性，能够不断吸收新的研究成果

   D. 教学设计注重实用性与创新性，将理论转化为实际解决方案

2. 在 BOPPPS 模型中，前测的主要作用是（　　）。

   A. 检验学生的学习效果

B. 了解学生的学习起点，为教学设计提供依据

C. 总结本节课的学习内容

D. 激发学生的学习兴趣

3. 根据布卢姆的教育目标分类，以下属于情感领域最高水平等级的是（　　）。

A. 注意　　B. 反应　　C. 价值判断　　D. 内化

4. 在教学评价中，以下不属于教学评价作用的是（　　）。

A. 导向作用　　B. 激励作用　　C. 鉴定作用　　D. 预测作用

二、多选题

1. 教学设计的基本过程包括（　　）环节。

A. 教学目标分析　　B. 学习者特征分析

C. 教学过程设计　　D. 教学评价设计

E. 教学资源选择

2. AI 技术在教学设计中的应用包括（　　）。

A. 分析学生学习风格以选择合适的导入方式

B. 精准分解和优化教学目标

C. 根据学生表现提供个性化学习资源和反馈

D. 智能分组以促进小组合作学习

E. 自动化批改作业并生成学习报告

三、简答题

简述教学设计中“教学过程设计”的主要内容。

四、案例分析题

请根据 BOPPPS 模型，根据自己的专业选择本专业学科的某一章节进行教学设计，并说明如何在教学方案的每个环节中融入 AI 技术。

第 6 章

微课制作

本章目标

（1）记忆微课的概念、核心要素。

（2）学会利用 DeepSeek 制作微课的方法。

6.1 微课的本质

微课作为数字化教育的重要载体，是指以 5~15 分钟为时长，聚焦单一核心知识点，围绕学生学习需求构建的数字化教学资源。微课的核心特征体现为“短、精、活”：“短”指时间浓缩，契合碎片化学习场景；“精”强调内容聚焦，深度解析知识点；“活”则体现在灵活多样的呈现形式，适配多元学习终端。构成微课的四大核心要素相辅相成：碎片化内容将复杂知识拆解为颗粒化模块，降低学习门槛；结构化设计确保知识逻辑清晰，便于学生系统性掌握；可视化表达借助动画、图表等形式增强知识直观性；交互性体验通过在线问答、随堂测试等功能提升学习参与感。

在 AI 教育浪潮下，微课的价值进一步凸显，其轻量化形态天然适配移动学习场景，满足学生随时随地获取知识的需求；结合 AI 数据分析，微课可根据学生学习进度与薄弱点推送个性化内容，实现精准教学；在混合式教学中，微课作为课前预习与课后巩固的重要工具，与线下课堂形成优势互补，助力构建高效的智慧学习生态。

6.2 微课制作的工具

脚本生成工具：DeepSeek。

绘图工具：即梦 AI。

视频生成工具：剪映。

声音合成工具：TTSMAKER 在线语音生成工具。

6.2.1 用 DeepSeek 生成脚本

用 DeepSeek 生成视频制作的脚本：“你是中文老师，请根据《白雪歌送武判官归京》设计一个短视频，要求每段诗词大意要有画面提示词，用表格的形式输出”，输出结果如图 6-1 所示。

诗句	画面提示	特效/细节
北风卷地白草折，胡天八月即飞雪	狂风卷起枯黄白草，漫天大雪覆盖戈壁，低角度拍摄草折动态，远景阴云密布。	风雪粒子特效增强压
忽如一夜春风来，千树万树梨花开	雪后阳光穿透云层，积雪树枝如梨花绽放，镜头从枯枝积雪特写拉远，展现连绵“梨花林”。	慢镜头雪花飘落如花
散入珠帘湿罗幕，狐裘不暖锦衾薄	军营帐内雪花飘入珠帘，浸湿丝绸帷幕，士兵裹紧狐裘发抖，火盆炭火微弱。	特写雪水滴落锦衾

图 6-1 脚本生成结果图

6.2.2 用即梦 AI 生成图片

打开即梦 AI，把刚才脚本中的第一段画面提示和特效细节复制到提示词框，如图 6-2 所示，开始制作需要的图片，第一个画面生成的结果如图 6-3 所示。

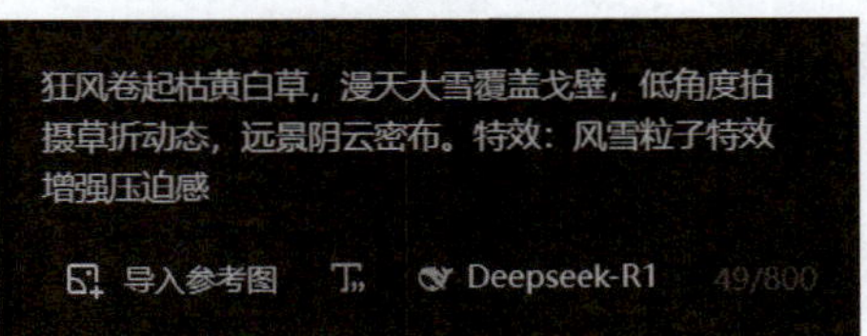

图 6-2 复制提示词到即梦

图 6-3 第一个画面生成的结果

选择满意的图片下载到电脑微课文件夹，然后用同样的方法制作镜头 2。制作方法同上，第二个画面生成的结果如图 6-4 所示。

图 6-4 第二个画面生成的结果

后面的镜头制作方法同上，就不一一列举了。

6.2.3 用 TTSMAKER 生成配音

文本转语音的工具有很多，如冬瓜配音等，但它们都需要下载。这里介绍一个很好用的在线配音工具 TTSMAKER，可以直接在网页端使用，不同音色有不同的单次转换字数。在文本框输入要转换的文字，选择右边的音色就可以开始生成配音了，如图 6-5 所示。

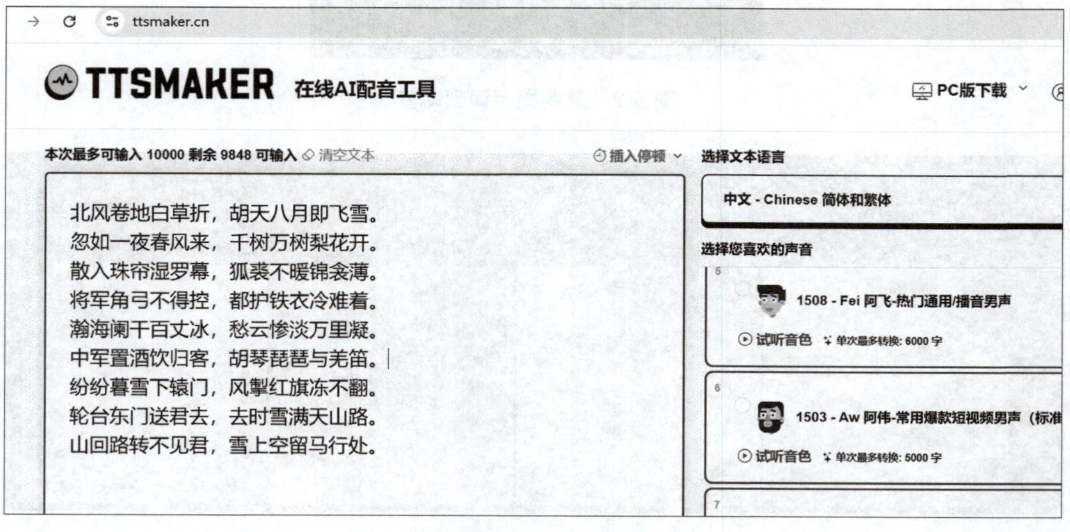

图 6-5 TTSMAKER 配音

6.2.4 用剪映生成微课

（1）在剪映中导入所有图片和声音，如图 6-6 所示。

图 6-6 剪映中导入图片和声音

（2）把图片和声音拖到轨道上，如图 6-7 所示。

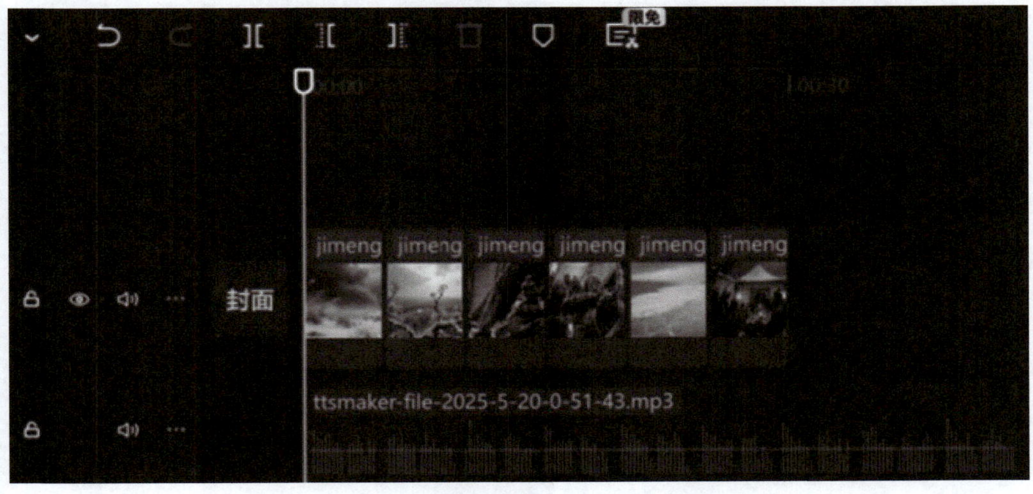

图 6-7 图片和声音拖入轨道

（3）选择 AI 字幕（该功能需要开通会员），如图 6-8 所示。

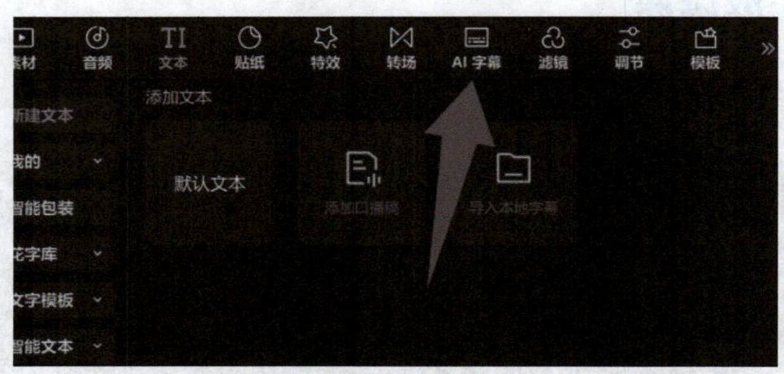

图 6-8　AI 字幕会根据语音自动生成字幕

6.2.5　导出微课

设置完成后，单击右上角“导出”按钮，生成微课。

6.3　课后习题

一、名词解释题

请分别解释微课的“短、精、活”三大特征，并举例说明其在实际教学中的应用价值。

二、教学设计题

选择初中物理“浮力原理”知识点，设计一份微课方案。

参 考 文 献

[1] 马秀芳，柯清超. 新编现代教育技术 [M]. 上海：华东师范大学出版社，2023.

[2] 何克抗，李文光. 教育技术学 [M]. 北京：北京师范大学出版社，2009.

[3] 暴占彪，李培英，刘明利. 信息技术素养 [M]. 北京：中国铁道出版社，2020.

[4] 宋晓秋，张洁玲，谢玉枚，等. 计算机基础与 MS Office 高级应用 [M]. 北京：北京理工大学出版社，2023.

[5] 王栋，卢湖川. 人工智能概论 [M]. 北京：科学出版社，2025.